优质高等职业院校建设项目校企联合开发教材

滴灌工程规划设计

李宝珠　杨晓军　主编

中国农业大学出版社
·北京·

内 容 简 介

本书主要根据新疆生产实践经验、田间试验和研究,并结合国内外滴灌发展情况和研究成果,详细地讲述了滴灌的特点、专用设备性能、规划设计方法,并简述首部枢纽及附属建筑物设计要求、滴灌工程概算与经济评价、图件制作等。全书内容丰富,简明实用。本书可供高职及以上各级水利技术人员和大专院校师生参考使用。

图书在版编目(CIP)数据

滴灌工程规划设计/李宝珠,杨晓军主编. —北京:中国农业大学出版社,2016.12
ISBN 978-7-5655-1734-1

Ⅰ.①滴…　Ⅱ.①李…②杨…　Ⅲ.①滴灌系统-工程设计-高等职业教育-教材
Ⅳ.①S275.6

中国版本图书馆 CIP 数据核字(2016)第 278193 号

书　　名 滴灌工程规划设计	
作　　者 李宝珠　杨晓军　主编	
策划编辑 姚慧敏	**责任编辑** 冯雪梅
封面设计 郑　川	**责任校对** 王晓凤
出版发行 中国农业大学出版社	
社　　址 北京市海淀区圆明园西路 2 号	**邮政编码** 100193
电　　话 发行部 010-62818525,8625	**读者服务部** 010-62732336
编辑部 010-62732617,2618	**出 版 部** 010-62733440
网　　址 http://www.cau.edu.cn/caup	**E-mail** cbsszs @ cau.edu.cn
经　　销 新华书店	
印　　刷 北京鑫丰华彩印有限公司	
版　　次 2017 年 2 月第 1 版　2017 年 2 月第 1 次印刷	
规　　格 787×1 092　16 开本　11 印张　270 千字	
定　　价 24.00 元	

图书如有质量问题本社发行部负责调换

编 委 会

编写人员

主　编　李宝珠　杨晓军

副主编　魏辅婷　郑梅锋

参　编　（按照姓氏笔画排名）

白安龙　艾合买提·肉孜　杜克余　吴玉秀

张文豪　张大勇　魏晓军

前　言

滴灌技术是当今世界上最节水的一种与机械化配套、易于实现自动控制,特别适宜于果树、蔬菜、设施农业和干旱缺水地区生态环境治理、大田行播作物种植的一种现代化精准灌水技术,它是微灌的最主要组成部分。

近几十年来,伴随现代科学技术的发展和水资源的紧缺,滴灌技术作为一项科技含量高、涉及多学科的边缘技术,其发展日新月异,普及应用的速度大大加快。特别是近几年滴灌面积在我国迅猛发展,展现出了它的生命力和广阔发展前景。随着滴灌技术的发展,滴灌设计理论和设计方法也在不断完善和日趋成熟,一些标准化的产品和材料也逐步定型,滴灌设计开始向着标准化方向发展。

本书根据《微灌工程技术规范》以及其他有关设计规范的要求,认真学习国内外有关研究成果,并结合新疆地方和生产建设兵团30多年的试验、研究和生产实践经验,着重介绍了滴灌专用设备和滴灌工程的规划设计方法,并简要介绍了滴灌工程首部枢纽及附属建筑物设计要求,为满足滴灌工程造价管理要求,还特编写了"滴灌工程概算与经济评价"一章,并列出了供设计者查用的必要表格。

参加本书编写的作者均是在节水灌溉行业工作多年,在各自的专业积累了大量的素材,具有丰富设计经验的专家和技术人员,在写作上力求突出系统、实用的特点。参加本书的编写人员有:新疆天业节水灌溉股份有限公司的李宝珠、新疆农业职业技术学院的杨晓军、艾合买提.肉孜和吴玉秀以及国家节水灌溉工程技术研究中心(新疆)的魏辅婷、郑梅锋、张文豪、魏晓军、张大勇、白安龙和杜克余,其中:杨晓军、张文豪合编第一、二、三、十四章及附录;魏辅婷编写第四、五章;李宝珠、郑梅锋合编第六、七、八章;李宝珠、魏晓军合编第九、十章;张大勇、艾合买提·肉孜合编第十一章;白安龙、吴玉秀合编第十二章;杜克余、杨晓军合编第十三章。本书由李宝珠、杨晓军担任主编并统稿,魏辅婷、郑梅锋担任副主编并协助。

本书的编写过程中得到了新疆农业职业技术学院、国家节水灌溉工程技术研究中心(新疆)、新疆天业节水灌溉股份有限公司以及新疆天业(集团)有限公司等单位的大力支持,在此对参加编写和支持编写工作的专家及有关单位一并表示由衷的感谢!

优质高等职业院校建设项目校企联合开发教材《滴灌工程规划设计》如在使用中存在不足之处,还望读者提出宝贵的意见和建议。

编著者

2016 年 2 月

目　录

第一章　概述 ·· 1
　第一节　滴灌技术概念和特点 ······················· 1
　第二节　滴灌技术的应用现状和前景 ············· 2
第二章　滴灌系统的分类和组成 ···················· 6
　第一节　滴灌系统的分类 ····························· 6
　第二节　滴灌系统的组成 ····························· 7
第三章　滴灌设备分类与选型 ······················· 10
　第一节　滴灌管道 ······································ 10
　第二节　滴灌用管件 ·································· 12
　第三节　灌水器 ·· 15
　第四节　控制、量测和保护装置 ················· 17
第四章　滴灌工程规划设计基本资料 ············ 27
　第一节　地理位置与地形资料 ····················· 27
　第二节　水文与气象资料 ····························· 27
　第三节　土壤资料 ······································ 28
　第四节　作物资料 ······································ 30
　第五节　水源资料 ······································ 31
　第六节　生产条件和社会经济资料 ·············· 31
第五章　滴灌工程规划设计概论 ···················· 33
　第一节　滴灌工程规划原则与任务 ·············· 33
　第二节　滴灌工程设计标准 ························· 34
　第三节　滴灌水质 ······································ 35
　第四节　水量平衡计算 ······························· 36
第六章　滴灌工程规划布置 ··························· 39
　第一节　灌水器的选择 ······························· 39
　第二节　滴灌系统布置 ······························· 40
第七章　滴灌系统工作制度及设计流量推算 ···· 50
　第一节　滴灌系统工作制度 ························· 50
　第二节　设计流量推算 ······························· 53

第八章　滴灌系统的水力设计 ……………………………………………… 58

第一节　管道水力计算 ……………………………………………… 58

第二节　支、毛管设计 ……………………………………………… 66

第三节　干管设计 ………………………………………………… 74

第九章　首部枢纽设计 ……………………………………………… 77

第十章　附属建筑物设计 ………………………………………… 81

第一节　首部枢纽中的土建工程 ……………………………… 81

第二节　阀门井设计 ……………………………………………… 83

第三节　排水井设计 ……………………………………………… 84

第四节　镇墩设计 ………………………………………………… 85

第五节　输电线路和变压器的设计 ……………………………… 86

第十一章　滴灌自动控制系统 …………………………………… 88

第一节　自动化控制灌溉系统简介 ……………………………… 88

第二节　滴灌自动控制的组成 …………………………………… 90

第三节　滴灌自动控制系统设计应注意的问题 ………………… 96

第十二章　几种特殊滴灌系统设计应注意的问题 ……………… 98

第一节　温室大棚微灌系统规划设计 …………………………… 98

第二节　林果间作套种滴灌系统设计 …………………………… 111

第三节　防护林灌溉设计 ………………………………………… 115

第四节　山地滴灌系统设计 ……………………………………… 116

第五节　较大控制面积的滴灌系统设计 ………………………… 120

第十三章　滴灌工程概算与经济评价 …………………………… 124

第一节　滴灌工程设计管理 ……………………………………… 124

第二节　滴灌工程计量与计价 …………………………………… 127

第三节　滴灌工程概算编制 ……………………………………… 129

第四节　滴灌工程经济评价 ……………………………………… 143

第十四章　滴灌工程规划设计图件制作 ………………………… 156

附录 ……………………………………………………………………… 162

参考文献 ……………………………………………………………… 164

第一章 概　　述

第一节　滴灌技术概念和特点

一、滴灌的概念与特点

滴灌(drip irrigation)是利用滴头、滴灌管(带)等设备,以滴水或细小水流的方式,湿润植物根区附近部分土壤的灌水方法。滴灌较喷灌等其他节水灌溉技术具有更高的节水增产效果,同时可以结合施肥,提高肥料利用率,适用于大田作物、果树、蔬菜、经济作物以及温室大棚灌溉。其不足之处是滴头易结垢和堵塞,因此应对水源进行严格的过滤处理。

滴灌是按照作物需水要求,通过低压管道系统与安装在毛管上的灌水器,将水和作物需要的养分,均匀而又缓慢地滴入作物根区土壤中的灌水方法。滴灌不破坏土壤结构,土壤内部水、肥、气、热经常保持适宜于作物生长的良好状况,蒸发损失小,不产生地面径流,几乎没有深层渗漏,是一种省水的灌水方式。滴灌的主要特点是灌水量小,灌水器不大于 12 L/h,因此,一次灌水延续时间较长,灌水的周期短,可以做到少量勤灌;需要的工作压力低,能够较准确地控制灌水量,可减少无效的棵间蒸发,不会造成水的浪费;滴灌易于实现自动化管理。

二、滴灌的优缺点

1. 滴灌的优点

滴灌与地面灌、喷灌等灌水方法相比,主要有以下优点:

(1)节水、节肥、省工　滴灌采用管道输水和局部微量灌溉,使水分的渗漏和损失降低到最低限度。同时,又由于能做到适时地供应作物根区所需水分,不存在外围水的损失问题,又使水的利用效率大大提高。滴灌可把化肥溶解后灌注入灌溉系统,直接均匀地施到作物根系层,水肥同步,大大提高了肥料的有效利用率,同时又因是局部灌溉,水肥渗漏较少,可节省化肥施用量,减轻污染。运用滴灌施肥技术,为作物及时补充价格昂贵的微量元素提供了方便,并可避免浪费。滴灌技术仅需开关阀门,水肥一体化,提高了人均管理定额,节省劳力投入,降低了生产成本。

（2）控制温度和湿度　传统地面灌一次灌水量大,地表长时间保持湿润,不但棚温、地温降低太快,回升较慢,且蒸发量加大,室内湿度太高,易导致蔬菜或花卉病虫害发生。因滴灌属于局部微灌,大部分土壤表面保持干燥,且滴头均匀缓慢地向根系土壤层供水,对地温的保持、回升,减少水分蒸发,降低室内湿度等均具有明显的效果。采用膜下滴灌,即把滴灌管（带）布置在膜下,效果更佳。另外滴灌由于操作方便,可实行高频灌溉,且出流孔很小,流速缓慢,每次灌水时间比较长,土壤水分变化幅度小,故可控制根区内土壤能够长时间保持在接近于最适合蔬菜、花卉等生长的湿度。

（3）保持土壤结构　在传统地面灌较大灌水量作用下,土壤受到较多的冲刷、压实和侵蚀,若不及时中耕松土,会导致严重板结,通气性下降,土壤结构遭到一定程度破坏。而滴灌水分缓慢均匀地渗入土壤,对土壤结构能起到保持作用,并形成适宜的土壤水、肥、热环境。

（4）改善品质、增产增效　滴灌减少了水肥、农药的施用量以及病虫害的发生,可明显改善产品的品质。温室或大棚等设施园艺采用滴灌后,可大大提高产品产量,提早上市时间,并减少了水肥、农药的施用量和劳力等的成本投入,因此经济效益和社会效益显著。设施园艺滴灌技术适应了高产、高效、优质的现代农业的要求,这也是其能得以存在和大力推广使用的根本原因。

2.滴灌的缺点

（1）易引起堵塞　灌水器的堵塞是当前滴灌应用中最主要的问题,严重时会使整个系统无法正常工作,甚至报废。引起堵塞的原因可以是物理因素、生物因素或化学因素。如水中的泥砂、有机物质或是微生物以及化学沉凝物等。因此,滴灌时水质要求较严,一般均应经过过滤,必要时还需经过沉淀和化学处理。

（2）可能引起盐分积累　当在含盐量高的土壤上进行滴灌或是利用咸水滴灌时,盐分会积累在湿润区的边缘,若遇到小雨,这些盐分可能会被冲到作物根区而引起盐害,这时应继续进行滴灌。在没有充分冲洗条件下的地方或是秋季无充足降雨的地方,则不要在高含盐量的土壤上进行滴灌或利用咸水滴灌。

（3）可能限制根系的发展　由于滴灌只湿润部分土壤,加之作物的根系有向水性,这样就会引起作物根系集中向湿润区生长。另外,在没有灌溉就没有农业的地区,如我国西北干旱地区,应用滴灌时,应正确地布置灌水器。

第二节　滴灌技术的应用现状和前景

我国是水资源严重短缺的国家之一,水资源不足已成为制约我国农业和经济发展的"瓶颈"之一,大力发展节水农业是必然趋势。

◢ 一、我国滴灌技术的推广应用情况

"十五"期间,滴灌技术在我国得到迅速推广,并制定了相应的滴灌产品和工程技术等行业标准。"十一五"、"十二五"是我国滴灌技术推广最快的时期,在西北、东北四省、华北、云

南、广西等地区大面积的在经济作物、粮食作物和果树、设施农业等30多种作物上广泛推广应用。据不完全统计，全国滴灌面积达到7 000万亩左右，其中新疆4 000多万亩，同时还成功推广到哈萨克斯坦、津巴布韦和安哥拉等中亚和非洲国家。

1. 经济作物

新疆滴灌棉花平均节水45.7%，增产28%，2013年滴灌棉花种植面积在1 695万亩左右；滴灌马铃薯平均单产3 500 kg/亩，增产70%左右，节水50%左右；滴灌花生平均单产600 kg/亩，节水50%左右；云南滴灌烤烟节水43%～45%，单产为193 kg/亩，与常规相比增产12.9%，烤烟品质显著提高，每亩增收250元。2013年，广西滴灌甘蔗单产9.28 t/亩，增产3.77 t/亩，增产率达68.4%，14万亩滴灌甘蔗共增产50万t以上，人均纯收入增加2 400多元。

2. 粮食作物

据统计，2013年，新疆滴灌玉米种植面积为276.7万亩，滴灌小麦为183.1万亩。滴灌小麦平均单产为570 kg，增产32%，节水40%，收入提高200元/亩；滴灌玉米增产38.7%，节水35.7%，收益增加247.69元/亩。新疆石河子市148团7连滴灌春小麦160亩单产实收806 kg/亩；兵团奇台农场滴灌玉米最高单产为1 511.74 kg/亩。

水稻膜下滴灌栽培技术是新疆天业经过多年的试验实现的，已授权发明专利，获第十四届中国专利奖。该技术突破了传统种植水稻的"水作"方式，全生育期无水层、不起垄，实现了水稻铺管、铺膜、精量播种一体机械作业有机结合，灌溉用水从2 000 m³/亩下降到700 m³/亩，节水65%，达到国内领先水平。2012年，新疆兵团科技局组织扬州大学、新疆农业大学等有关单位专家，对新疆天业膜下滴灌水稻试验示范基地进行了产量测定，测产面积为20亩，平均亩产达836.9 kg。该技术具有节水肥、节地和节劳力"三节约"的优点。同时还具有减少温室气体排放、减少病虫草害防治和减少过量化肥农药污染"三减少"的优势，和提高经济效益、提高稻米品质和提高抗风险能力"三提高"的作用。详见表1-1。

表1-1　每千克水稻产出计算各项消耗分析

指标	常规灌溉	滴灌	节约（增加）/%
耗水/(m³/kg)	4	1.4	−65
耗肥/kg	0.3	0.23	−23.3
人工费用/元	0.45	0.14	−71.1
纯收益/(元/kg)	0.216	0.567	162.5

3. 瓜果、设施农业

滴灌技术在核桃、红枣、葡萄等特色林果和设施农业上已得到广泛推广。滴灌哈密瓜商品率提高了70%，每公顷产量达37.5～45.0 t，平均增产22.5 t。滴灌甜菜节水40%以上，每公顷产量97.5 t，增产45%；葡萄滴灌提高商品率60%以上，节水50%左右，增产20%以上，亩增效233.6元。滴灌生菜节水70%，增产43%，亩增收1 190元，白菜节水73%，增产43%，亩增收850元/亩。

二、我国节水灌溉企业发展存在的问题

目前,我国节水灌溉设备和器材生产企业近五百家,但真正实现专业化、规模化、实力强的企业不超过二十家,其中:新疆天业、甘肃大禹、以色列耐特费姆(中国)公司、北京绿源、杨陵秦川、甘肃瑞盛·亚美特等厂家占据了绝大部分灌溉(滴灌)市场。滴灌设备生产企业主要分布在华北、东北、西北和东南沿海地区。我国滴灌企业的现状是发展快、成效大、数量多、规模小、差异大,中低端产品的同质化竞争严重。目前,还存在以下问题:

(1)国产滴灌产品性能差距较大,自动化程度低,寿命可靠性较差,质量总体水平亟待提升。产品滴水均匀度低、配套性差、管理维护、运行费用较高,使用寿命较国外产品短。

(2)国产滴灌设备制造企业生产规模小,缺乏行业龙头企业,产品品种偏少,自主创新能力不强。目前,国内固定资产和年产值达到亿元的企业仅有 2～4 家,专业化程度低,生产技术装备和工艺的落后。

(3)国际巨头灌溉企业成为国内滴灌中高端市场最大的竞争威胁。以色列耐特费姆、艾森贝克、阿速德等纷纷在中国设立了合资、独资企业,开发适合中国使用要求和经济水平的节水产品,逐步占有了更多的中高端市场。

三、我国滴灌技术发展前景及建议

1.我国滴灌技术发展前景与趋势

滴灌技术是现代农业的主要支撑技术之一。滴灌技术的发展必然引发了中国农业生产方式和经营方式的深刻变革,对促进中国农业从传统农业向现代农业、从粗放型农业向集约型农业的转变,对提高中国农业的现代化水平和国际竞争力将产生积极而深远的影响。我国将顺应国内外农业高效节水技术发展趋势,把提高灌溉水利用率、作物水分生产效率和单方水农业生产效益作为主要目标,朝着低成本、低能耗、高性能、规范化、集约化、自动化、智能化方向发展,从高效节水向高效用水转变,实现提质增效。

新疆高效节水灌溉面积(滴灌、喷灌)发展迅猛,截止到 2013 年,新疆高效节水灌溉面积达 3 770 万亩,成为世界最大的农业高效节水灌溉集中区,详见图 1-1。"十二五"期间,新疆计划每年新增农业高效节水灌溉面积 400 万亩(兵团 100 万亩),累计新增 2 000 万亩,农业用水比重由现在的 95% 下降到 92% 以下,到 2015 年新疆 80% 以上耕地和果园实现田间高新节水灌溉,农业灌溉水有效利用系数达到 0.55,基本建成全国节水灌溉示范基地。

近几年,我国出台了大量的政策和投入了大量的资金来推动节水农业的快速发展,今年,全国将新增高效节水灌溉面积 2 300 多万亩,全面推进东北节水增粮、西北节水增效等高效节水灌溉工程建设,至 2020 年全国新增节水灌溉面积达 3 亿亩,新增高效节水灌溉工程面积 1.5 亿亩以上。

2.建议

(1)应加大对节水设备市场的管理和抬高市场门槛,提高节水产品质量。2013 年,对全国 13 个省(市)35 家企业的 50 种节水灌溉产品样品进行抽查,合格 39 种,抽样合格率

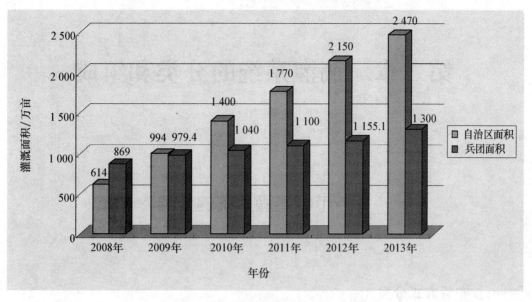

图 1-1　新疆近几年高效节水灌溉应用面积

78%;2014年新疆滴灌带产品质量统一监督检查结果,总体合格率为59.1%,产品质量有待加强。将产品认证作为节水灌溉建设采购相关产品的必备条件,逐渐将简陋、低水平的家庭式、作坊式企业摒弃出节水市场。

（2）完善水利设施综合配套。抓好灌区水源、输水渠系等配套设施建设,提高综合节水能力。满足田、林、路等灌区建设要求,建成高标准农田,提高农业综合生产能力;从农业灌溉定额入手,深入研究农业节水的机理与机制,降低农业用水比重,建立节水型农业定额管理体系,继而形成总量控制管理体系。

（3）应大力加强设施农业、林果园艺、牧草作物灌溉制度和节水技术的研究和应用。进一步优化和创新林果微灌技术模式,为特色林果业、牧草业大面积发展高效节水技术提供技术支撑。

（4）加快节水新技术研究和产品的升级换代。重点推广低能耗滴灌,如低压补偿式滴灌带、小流量滴灌带、高效低能耗过滤器等低能耗的滴灌设备和产品研发。

（5）加强节水灌溉自动化技术与相关产品的研发。目前我国自动化滴灌技术已相对成熟,大部分设备、材料都已实现国产化,亩均造价大幅降低,初步具备大规模应用的条件。逐步扩大节水灌溉自动化技术在棉花等经济附加值高的作物上推广应用,政府在推广过程中给予相应的补贴政策。

（6）大力开展农业高效节水技术服务体系建设。以农民用水合作组织和专业化服务队伍为主体的节水建设管理服务体系,培育社会化、专业化灌溉服务公司,加强技术培训和政策宣传,提高群众的节水意识,提高农民自我管理水平。

第二章　滴灌系统的分类和组成

第一节　滴灌系统的分类

▶ 一、按布置方式分类

根据滴灌工程中毛管在田间的布置方式、移动与否以及进行灌水的方式不同,可以将滴灌系统分成以下类别:

1. 地面固定式

毛管布置在地面,在灌水期间毛管和灌水器不移动的系统称为地面固定式系统,现在绝大多数采用这类系统。应用在果园、温室、大棚和大田作物的灌溉中,灌水器包括各种滴头和滴灌管、带。这种系统的优点是安装、维护方便,也便于检查土壤湿润和测量滴头流量变化的情况;缺点是毛管和灌水器易于损坏和老化,对田间耕作有一定影响。

2. 地下固定式

将毛管和灌水器(主要是滴头)全部埋入地下的系统称为地下固定式系统,这是在近年来滴灌技术的不断改进和提高,灌水器堵塞减少后才出现的,但应用面积不多。与地面固定式系统相比,它的优点是免除了毛管在作物种植和收获前后安装和拆卸的工作,不影响田间耕作,延长了设备的使用寿命;缺点是不能检查土壤湿润和测量滴头流量变化的情况,发生问题维修也很困难。

3. 移动式

在灌水期间,毛管和灌水器在灌溉完成后由一个位置移向另一个位置进行灌溉的系统称为移动式滴灌系统,此种系统应用也较少。与固定式系统相比,它提高了设备利用率,降低了投资成本,常用于大田作物和灌溉次数较少的作物,但操作管理比较麻烦,管理运行费用较高,适合于经济条件较差的地区使用。

▶ 二、按控制系统分类

根据控制系统运行的方式不同,可分为手动控制、半自动控制和全自动控制三类:

1. 手动控制

系统的所有操作均由人工完成,如水泵、阀门的开启、关闭,灌溉时间的长短,何时灌溉等等。这类系统的优点是成本较低,控制部分技术含量不高,便于使用和维护,很适合在我国广大农村推广。

2.半自动控制

系统中在灌溉区域没有安装传感器,灌水时间、灌水量和灌溉周期等均是根据预先编制的程序,而不是根据作物和土壤水分及气象资料的反馈信息来控制的。这类系统的自动化程度不等,主要是实现了阀门开关的远程控制。

3.全自动控制

系统不需要人直接参与,通过预先编制好的控制程序和根据反映作物需水的某些参数可以长时间地自动启闭水泵和自动按一定的轮灌顺序进行灌溉。人的作用只是调整控制程序和检修控制设备。这种系统中,除灌水器、管道、管件及水泵、电机外,还包括中央控制器、自动阀、传感器(土壤水分传感器、温度传感器、压力传感器、水位传感器和雨量传感器等)及电线等。

第二节 滴灌系统的组成

滴灌系统一般由水源工程、首部枢纽、输配水管网、滴头及控制、量测和保护装置等组成。

▶ 一、水源工程

滴灌水源一般包括河流、湖泊、水库、塘堰、沟渠、井、水窖(窑)等。为了利用上述各种水源进行滴灌,所修建的提、引、沉淀池、蓄水工程和输配电工程,均为水源工程。

不同的灌溉水源,水源工程不同。根据水源特性可分为地表水、地下水、污水和混合水4类。以地下水为水源时,建井取水,工程相对比较单一。以地表水为水源时,按水源条件与滴灌区的相对位置可分以下几种工程,即取水、提水、蓄水、输水工程及初级水质净化工程和措施。

(1)取水工程 在河道上取水、有无坝取水及拦河式渠首取水等多种工程类型。

(2)提水工程 包括抽水泵站,有时还要多级抽水满足灌区高程要求。

(3)蓄水工程 包括水库、塘坝、蓄水池等,其主要作用是解决用水与来水时间上的差异,即调节水量。

(4)输水工程 包括渠道、管道和隧洞等,将从河道引进或提取的水以及由蓄水工程供给的水输入灌区的工程,一般由明渠、管道、隧洞等工程。

(5)初级水质净化工程和措施 包括拦污栅、拦污筛和沉淀池等。拦污栅主要用于河流、库塘、涝坝等含有漂浮物及其他杂质的灌溉水源,其构造简单。拦污筛用于首部枢纽水泵的进口处,用浮筒固定在水泵吸水管进口周围,用于河水、库水、湖水、塘水、涝坝水等。拦污栅与拦污筛用户可自行制作。沉淀池是解决多种水的初级净化问题经济有效的常用方式,主要用来清除水中悬浮固体污物,也可用来处理高含铁物质的水体。

在实际应用中,水的初级净化工程视水源水质情况与首部过滤设施统一布置,共同构成滴灌工程的水质净化处理设施。

▶ 二、首部枢纽

滴灌系统的首部枢纽包括动力机、水泵、施肥(药)装置、过滤设施和安全保护及量测控制设备。其作用是从水源取水加压并注入肥料(农药)经过滤后按时按量输入管网,担负着整个系统的驱动、量测和调控任务,是全系统的控制调配中心。

施肥装置的作用是将易溶于水并适于根施的肥料、农药、除草剂、化控药品等在施肥罐内充分溶解,然后再通过滴灌系统输送到作物根部。

1.水泵

滴灌常用的水泵有潜水泵、离心泵、深井泵、管道泵等,水泵的作用是将水流加压至系统所需压力并将其输送到输水管网。滴灌系统所需要的水泵型号,应根据滴灌系统的设计流量和总扬程确定。当水源为河流和水库,且水质较差时,需建沉淀池,一般选用离心泵。水源为机井时,一般选用潜水泵。动力机可以是电动机、柴油机等。如果水源的自然水头(水塔、高位水池、压力给水管)满足滴灌系统压力要求,则可省去水泵和动力。

IS型离心泵,是我国水泵行业首批采用国际标准设计的单级单吸清水离心泵、结构简单,紧凑,使用维修方便体积小,重量轻,耗电低;QJ型湿式潜水电泵,具有结构紧凑、体积小、重量轻、安装、使用、维护方便,运输安全可靠、节约能源等优点。

2.过滤设施与施肥装置

滴灌系统中灌水器的流道孔径一般都很小,要求灌溉水中不含有造成灌水器堵塞的污物和杂质,而实际上任何水源如湖泊、库塘、河溪及井水中,都不同程度地含有各种污物和杂质。因此对灌溉水源进行严格的净化处理是必不可少的,是保证系统正常运行、延长灌水器使用寿命和保证灌水质量的关键措施。

过滤设施主要有沉淀池、拦污栅、离心过滤器、砂石过滤器、筛网过滤器、叠片过滤器等。各种过滤设备可以在首部枢纽单独使用,也可根据水源水质情况组合使用。

(1)离心过滤器(旋流水砂分离器) 常见的结构形式有圆柱形和圆锥形两种。它由进口、出口、旋涡室、分离室、储污室和排污口等部分组成。将压力水流沿切线方向流入圆形或圆锥形过滤罐,作旋转运动,水流产生离心力(力学原理),在离心力作用下,比水重的杂质移向四周,逐渐下沉,清水上升,水与杂质分离。离心式过滤器能连续过滤高含砂量的灌溉水,缺点是不能除去与水比重相近和比水轻的有机质等杂物,特别是水泵起动和停机时过滤效果下降,会有较多的砂粒进入系统,另外,水头损失较大。因此只能作为初级过滤器,还需要其他类型的过滤器对水质进行再处理。

(2)筛网过滤器 由筛网、壳体、顶盖等主要部分组成。过滤器各部分要用耐压耐腐蚀的金属或塑料制造。系统主过滤器的筛网一般用不锈钢丝制成,用于支管和毛管上的过滤器,所受压力较小,其筛网也可用尼龙或铜丝成。

(3)叠片过滤器 叠片式过滤器用大量薄塑料圆盘作为过滤介质,圆盘的两面均有沟槽,将带槽的许多层圆片叠加压紧而成,两叠片间的槽形成缝隙,灌溉水流过叠片,泥砂和有机物等留在叠片沟槽中,清水通过叠片的沟槽流出过滤器。清洗时可松开叠片除去清洗杂质。该过滤器适用于有机质和混合杂质过滤。其他结构和形式与筛网过滤器基本相同。

(4)砂石过滤器 它是利用石英砂作为过滤介质,在过滤罐中放 1.5～44 mm 厚的砂砾石,污水通过进水口进入滤罐,经过砂石之间的孔隙截流,达到过滤的目的。该过滤器表面积大、附着力强、对细小颗粒及有机质等比重较小颗粒,过滤效果好(0.05 mm 以上),比重较大颗粒不易反冲洗。砂石过滤器过滤可靠、清洁度高;缺点是价格高、体积大、重量重。

(5)施肥施药装置 向系统的压力管道内注入可溶性肥料或农药溶液的设备称为施肥、施药装置。为了确保灌溉系统在施肥施药时运行正常并防止水源污染,必须注意以下几点:第一,化肥或农药的注入一定要放在水源与过滤器之间,肥(药)液先经过过滤器之后再进入灌溉管道,使未溶解的化肥和其他杂质被清除掉,以免堵塞管道及灌水器。第二,施肥和施药后必须利用清水把残留在系统内肥(药)液全部冲洗干净,防止设备被腐蚀。第三,在化肥或农药输液管出口处与水源之间一定要安装逆止阀,防止肥(药)液流进水源,严禁直接把化肥和农药加进水源而造成环境污染。常用的施肥装置有敞口式施肥箱、文丘里施肥器、压差式施肥罐等。

3.管网系统

输配水管网的作用是将首部枢纽处理过的有压水流按照要求输送分配到每个灌水单元和灌水器,沿水流方向依次为干管、支管、毛管及所需的连接管件和控制、调节设备。毛管是滴灌系统中最末一级管道,直接为灌水器提供水量。支管是向毛管供水的管道,在这一环节中,有时仅布设支管,有时增设多条与支管平行的辅助支管(简称辅管),每条辅管上布置多条(对)毛管。此时,支管通过辅管向毛管供水,干管是将首部枢纽与各支管连接起来的管道,起输水作用。由于滴灌系统的大小及管网布置不同,组成管网的级数也有所不同。

4.灌水器

滴灌灌水器也称滴头,压力水流经毛管进入滴头,消能后以稳定均匀的小流量施入土壤,逐渐湿润作物根层。一个滴灌系统的好坏,最终取决于滴头滴水性能的优劣,通常称滴头为滴灌系统的核心。

5.控制、测量和保护装置

控制、量测设备包括水表和压力表,各种手动、机械操作或电动操作的闸阀,如水力自动控制阀、流量调节器等。管网系统的安全保护装置分为进排气阀、安全阀、调压装置和泄水阀。

第三章　滴灌设备分类与选型

第一节　滴灌管道

一、滴灌管道的种类

滴灌系统常用的管材主要有两种：聚氯乙烯管（PVC 管）和聚乙烯管（PE 管）。硬聚氯乙烯管（PVC-U）按结构形式可分为实壁管、双壁波纹管、加筋管三种。实壁管按公称压力分为低压（小于等于 0.4 MPa）和中高压两类。

二、管材技术条件

1. 颜色

管颜色由供需双方协商确定，色泽应均匀一致。

2. 外观

管内外壁应光滑，不应有气泡、裂纹、分解变色线及明显的痕纹、杂质、颜色不均等，管材应不透光。

管的两端应切割平整并应与轴线垂直。

3. 尺寸

(1) 长度　硬聚氯乙烯（PVC-U）管长度一般为 4 m，6 m，也可由供需双方协商确定，长度不允许负偏差。聚乙烯管长度一般为 6 m，9 m，12 m，也可由供需双方商定，长度的极限偏差为长度的 +0.4%，−0.2%。盘管盘架直径不应小于管材外径的 18 倍。盘管展开长度由供需双方商定。

(2) 外径和壁厚　硬聚氯乙烯（PVC-U）管外径和壁厚、平均外径及偏差，任意点壁厚及偏差应符合 GB/T 10002.1—2006 的要求。

聚乙烯（PE）管外径和壁厚应符合平均外径、任一点的壁厚公差应符 GB/T 13663—2000 的要求。

(3) 硬聚氯乙烯（PVC-U）管弯曲度的规定应符合 GB/T 10002.1—2006 的要求。

4. 物理力学性能

硬聚氯乙烯（PVC-U）管的物理力学性能应符合表 3-1、表 3-2、表 3-3 的规定。

表 3-1　硬聚氯乙烯(PVC-U)实壁管的物理力学性能

项目	技术指标	试验方法
密度/(kg/m³)	1 350~1 550	按 GB/T 1033—1986 测定
维卡软化温度/℃	≥80	按 GB/T 8802—2001 测定
落锤冲击(0℃)	9/10 为通过	按 GB/T 14152—2001 测定
静液压试验(20℃,1 h)	不破裂　不渗漏	按 GB/T 6111—2003 测定
环刚度/(kN/m²) 公称压力 0.2 MPa 管材 公称压力 0.25 MPa 管材 公称压力 0.32 MPa 管材 公称压力≥0.4 MPa 管材	≥0.5 ≥1.0 ≥2.0 ≥4.0	按 GB/T 6111—2003 测定

　　a 落锤质量和冲击高度见 GB/T 10002.1—2006。
　　b 公称压力为低压(≤0.4 MPa)时,试验压力为 4 倍公称压力。
　　公称压力为中高压(>0.4 MPa)时,试验条件为环应力 38 MPa。

表 3-2　硬聚氯乙烯(PVC-U)双壁波纹管的物理力学性能

项目		技术指标	试验方法
环刚度/(kN/m²)	SN8	≥8	按 GB/T 9647—2003 测定
	SN16	≥16	
落锤冲击(0℃)		9/10 为通过	按 GB/T 14152—2001 测定
环柔性		不破裂两壁不脱开	按 GB/T 9647—2003 测定
静液压试验(20℃,4 倍工作压力,1 h)		不破裂 不渗漏	按 GB/T 6111—2003 测定

　　a 落锤质量和冲击高度见 GB/T 1916—2004。
　　b 工作压力由使用本标准的相关方共同确定。

表 3-3　硬聚氯乙烯(PVC-U)加筋管的物理力学性能

项目		技术指标	试验方法
维卡软化温度/℃		≥80	按 GB/T 8802—2001 测定
环刚度/(kN/m²)	SN4	≥4	按 GB/T 9647—2003 测定
	SN8	≥8	
	SN16	≥16	
落锤冲击(0℃)		9/10 为通过	按 GB/T 14152—2001 测定
环柔性		试样圆滑,无反向网趣,无破裂	按 GB/T 9647—2003 测定
静液压试验(20℃,4 倍工作压力,1 h)		不破裂 不渗漏	按 GB/T 6111—2003 测定

　　a 落锤质量和冲击高度见 GB/T 2782—2006。
　　b 工作压力由使用本标准的相关方共同确定。

5. 聚乙烯管的物理力学性能应符合表3-4、表3-5的规定

表3-4　聚乙烯管的物理力学性能

项目	技术要求	试验方法
断裂伸长率/%	≥350	按 GB/T 8804.2—2003 测定
纵向回缩率(110℃)/%	≤3	按 GB/T 6671—2001 测定
耐环境应力开裂	折弯处不合格数不超过10%	按 GB/T 15819—2006 测定
氧化诱导时间(200℃)/min	≥20	按 GB/T 17391—1998 测定
静液压试验(20℃)	不破裂 不渗漏	按 GB/T 6111—2003 测定

a d_n≤32 mm 的灌溉用管符合此要求。

b 低密度聚乙烯管材试验条件为环向应力 6.9 MPa(1 h),PE63 级环向应力为 8.0 MPa(100 h)及 PE80 级管环向应力为 9.0 MPa(100 h)。

表3-5　加筋聚乙烯管的物理力学性能

项目	技术要求	试验方法
受压开裂稳定性 (压至管外径的50%)	无裂纹 筋材与塑料不脱开	按 GB/T 9647—2003 测定
环刚度/(kN/m²)	≥2	按 GB/T 9647—2003 测定
静液压试验(20℃,1.5倍工作压力,1 h)	不破裂 不渗漏	按 GB/T 6111—2003 测定
爆破压力试验(20℃)	≥2.5倍工作压力	按 GB/T 15560—1995 测定

第二节　滴灌用管件

▶ 一、滴灌管道连接件的种类

(一)管件的分类

管件按连接方式主要分为粘接式承口管件、法兰连接管件、螺纹接头管件和组合式管件四类。输水温度对管件公称压力的折减系数按 GB/T 10002.2—2003 要求确定。

(二)技术条件

1. 外观

管件内外表面应光滑,不应有脱层、明显气泡、痕纹、冷斑以及色泽不匀等缺陷。

2. 管件尺寸

(1)粘接式承口管件最小承口深度应符合 GB/T 10002.2—2003 的要求。粘接式承口的壁厚不应小于主体壁厚的75%。

(2)法兰连接管件尺寸应符合 GB/T 9113.1—2000 的要求。

(3)PVC-U 螺纹接头管件的螺纹尺寸应符合 GB/T 7306.1—2000 的要求。

(4)组合式管件

组合式直接头的最小安装长度(Z_{min})见图 3-1、表 3-6。

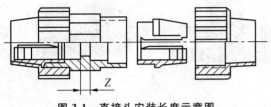

图 3-1 直接头安装长度示意图

表 3-6 组合式直接头的最小安装长度

公称直径	Z_{min}	公称直径	Z_{min}
20×20	2	40×40	3
25×25	2	50×50	4
32×32	3	63×63	4

组合式三通的最小安装长度(Z_{min})见图 3-2、表 3-7。

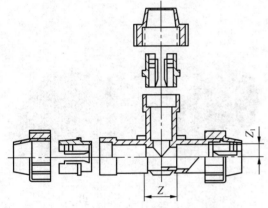

图 3-2 组合式三通安装长度示意图

表 3-7 组合式三通的最小安装长度

公称直径	Z_{min}	$Z_{1.\,min}$	公称直径	Z_{min}	$Z_{1.\,min}$
20×20×20	20	10	40×40×40	40	20
25×25×25	25	12.5	50×50×50	50	25
32×32×32	32	16	63×63×63	63	31.5

组合式管件的最小承口深度(S_{min})见图 3-3、表 3-8。

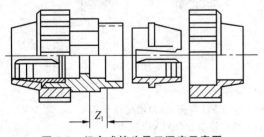

图 3-3 组合式接头承口深度示意图

表 3-8 组合式管件的最小承口深度

公称直径	S_{min}	公称直径	S_{min}
20×20	2	40×40	3
25×25	2	50×50	4
32×32	3	63×63	4

3.其他 PE 管件
见图 3-4。

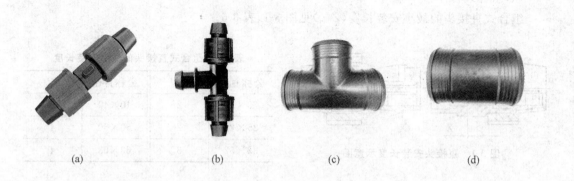

(a)　　　　　　(b)　　　　　　(c)　　　　　　(d)

图 3-4　PE 管件
(a)滴灌带直通　(b)按扣三通　(c)PE 承插三通　(d)PE 承插直通

4.其他 PVC 管件
见图 3-5。

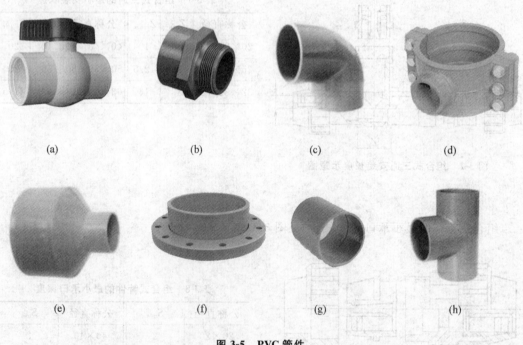

(a)　　　　　(b)　　　　　(c)　　　　　(d)

(e)　　　　　(f)　　　　　(g)　　　　　(h)

图 3-5　PVC 管件
(a)PVC 丝扣球阀　(b)PVC 外丝　(c)PVC 弯头　(d)增接口
(e)PVC 变径　(f)PVC 法兰　(g)PVC 管箍　(h)PVC 三通

5.管件的物理力学性能
见表 3-9。

表 3-9　管件的物理力学性能

项目	要求				试验方法
维卡软化温度	≥74℃				按 GB/T 8802—2001 测定
烘箱试验	符合 GB/T 8803—2001				按 GB/T 8803—2001 测定
坠落试验	无破裂				按 GB/T 8801—2007 测定
液压试验	公称外径 d_n	试验温度/℃	试验压力/MPa	试验时间/h	试验要求	按 GB/T6111—2003 测定
	$d_n \leq 90$	20	4.2×PN	1	无渗漏无破裂	
			3.2×PN	1 000		
	$d_n > 90$	20	3.36×PN	1		
			2.56×PN	1 000		

注:d_n 指与管件相连的管材的公称外径。

第三节　灌水器

滴灌灌水器是滴灌系统末级出流装置,包括滴头、滴灌管(带)等。

对灌水器的要求是:制造偏差小,一般要求灌水器的制造偏差系数 C_v 值应控制在 0.07 以下;出水量小而稳定,受压力变化的影响较小;抗堵性能强;结构简单,便于制造、安装、清洗;坚固耐用,价格低廉。

滴灌技术的进步是伴随滴灌灌水器的发展而发展的,它经历了一个从初级到高级、从落后到先进的发展过程。滴灌技术发展过程中涌现的灌水器种类十分繁多,各有其特点,适用条件也各有差异,相当一部分已逐渐被淘汰。滴灌灌水器的发展总趋势是:全紊流、大流道、低流量、补偿式、毛管和灌水器一体化;地下滴灌灌水器则在防止根系入侵和泥土进入和有效地进行冲洗方面进行更大突破。

▶ 一、灌水器的分类及工作原理

灌水器的主要功能是消耗输水管内的压力,并使水滴均匀地出流。根据灌水器的消能原理灌水器可分为孔口式滴头、长流道滴头、压力补偿式滴头等几种形式。

1. 孔口式消能滴头

在输水管上打孔进行灌溉是利用小的出水孔控制出水量,达到局部灌溉的目的,但是这是一种很不精确的方法,由此产生了孔口式滴头以固定孔口尺寸。孔口式滴头的另一种形式是涡流式滴头,其工作原理是涡流中心的压力比周围小,而且当入口压力增加时中心的压力增加速率比周围压力增加慢,从而使其中的部分能量消散。孔口式滴头的缺点是流道尺寸小,一般为 0.6～1.5 mm,抗堵性能弱;不具备压力调节功能;涡流式滴头流量随温度增加而降低 0.4%/℃。

2. 长流道滴头

以塑料微管等为滴头,利用水流在微管中流动摩擦消能,可以把出水口放在不同的地方,也有把这种微管做成不同的形状,如绕在输水管上,还有做成螺旋状或曲折的水流通道并且放在输水管内,形成了现在的滴灌管(带),如图 3-6 所示。流量随温度的变化较大,长流道微管滴头流量随温度增加而增加约 0.70%/℃。

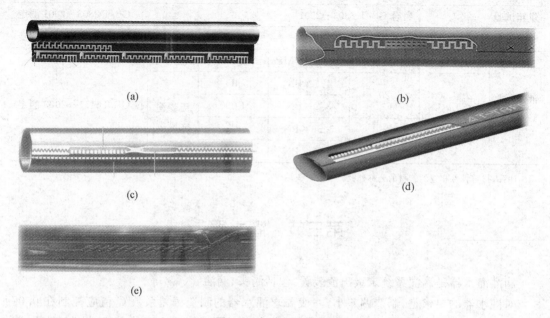

(a)

(b)

(c)

(d)

(e)

图 3-6 各种形式滴灌带

(a)边缝式滴灌带 (b)TIGER 滴灌带 (c)Chapin 滴灌带 (d)T-TAPE 滴灌带 (e)RAINBIRD 滴灌带

3.可调式滴头

为了减小滴头对压力的依赖,又产生了人工调节流量的滴头,通常带有便于人工操作的手柄或螺杆可以改变孔口尺寸,达到调节流量的目的,仅从市场的角度来考虑,这种滴头有很大的优越性;但是,由于系统的整体性,改变其中的一个因素会引起其他因素的变化,所以这种滴头的调节很难实现均匀灌溉。于是产生了自动调节的压力补偿式滴头(图 3-7),这种滴头的工作原理是在其中安装一个弹性隔膜,当压力增加时挤压孔口使其尺寸变小,从而达到调节流量的目的。压力补偿式滴头对地形的适应性强,同一支管可以布置的滴头的数量可以大大增加,从而降低管路的费用,并且对温度的变化不敏感,对灌溉的均匀度很有利。

图 3-7 管上补偿式滴头

二、灌水器的堵塞及其防治措施

滴灌系统的堵塞问题是推广滴灌的另一障碍,轻则引起系统均匀度下降,重则使系统报废。在对滴灌技术的推广过程中,同时有不少专家对灌水器堵塞问题进行了研究。引起堵塞的原因可分为以下三种:由固体颗粒引起的物理堵塞;由于化学反应生成的难溶性盐所引起的化学堵塞;由微生物的活动引起的生物堵塞。

根据联合国粮农组织土地及水利开发处灌溉专家 I. 维尔米林和联合国粮农组织顾问,澳大利亚昆士兰灌溉和供水委员会的 G·A·乔伯林的统计,各种堵塞的发生率见表 3-10。

预防是最好的办法,应定期对系统进行清洗,尤其是在用滴灌系统施肥或农药后对系统进行清洗是系统安全运行的保障。

表 3-10 堵塞发生及堵塞处理

原因	物理堵塞	化学堵塞	生物堵塞	其他
发生率/%	31	22	37	10
处理	过滤、沉淀、改变毛管与灌水器接头的形式	加硫酸、盐酸消除碳酸钙;加水玻璃,氧气溶解铁离子	加氯气抑制微生物生长	—

注:改进灌水器的水利性能是防止堵塞的有效办法,在灌水器的原料中添加化学制剂可以有效控制虫、根(地下滴灌)对灌水器的堵塞。

三、灌水器的水力学性能研究

灌水器的水力学性能直接影响灌溉效果,不少专家对此问题进行过专门研究。Yigal. Glaad 等(1974)年对滴头的水力性能进行过分析,并依据滴头的流态指数对其进行分类;Michael A. Grundvig (1988 年)认为,尽管单个灌水器接头的水阻作用不明显,但是对于多个灌水器同时作用时对系统的均匀度会产生很大影响,灌水器同管径小的输水管连接时对水流的阻力尤其明显,同时他提供了两种计算这种水阻的方法;方部玲等对圆片式迷宫流道滴头的水力性能进行了研究,结果表明流道中的水流流态不适合用传统流态理论进行分析,由于其锯齿形结构,即使在很小的流量下流道中的水流也是湍流。在对灌水器流道流态分析时应充分考虑边界对水流的影响。日前对灌水器的水力性能分析都是建立在试验基础上的,如果能根据水力学的一般原理,在考虑边界和黏滞力的情况下,建立小流道内的水力分析理论会对灌水器的发展产生突破进展。

第四节　控制、量测和保护装置

控制、量测设备包括水表和压力表,各种手动、机械操作或电动操作的闸阀,如水力自动控制阀、流量调节器等。管网系统的安全保护装置分为进排气阀、安全阀、调压装置和泄水阀。

一、阀门

滴灌系统压力不高,但对水质的要求严格,因此主过滤器以下至田间管网,一般均选用不锈钢、黄铜、塑料制的，或经过镀铬处理的低压阀门。根据其作用，阀门可分为控制阀、安全阀、进排气阀、冲洗阀等(表3-11)。

表 3-11　阀门的分类、作用、优缺点及滴灌系统中的安装部位

分类		作用	优点	缺点	系统中安装部位
控制阀	闸阀	一般控制	启闭力小、阻力小、双向流动	结构比较复杂	安装在干支管首端
	球阀	快速启闭	结构简单、体积小、阻力小	速度快易产生水锤	安装在干支管末端作冲洗阀
	截止阀	严密控制	结构简单、密封性能好、维修方便	阻力大、启闭力大	系统首部与供水管连接处，施肥施药装置与灌溉水源连接处
	止回阀	防止倒流	供水停止时自动关闭		水泵出水口，供水管与施肥施药装置之间
安全阀		消除启闭阀门过快或突然停机造成的管路中压力突然上升			安装在水泵出水侧的主干输水管上
进排气阀		开始输水时防止气阻；供水停止时防止管内出现负压			安装在系统中供水管以及干、支管和控制竖管的高处
冲洗阀		定期冲洗管末端的淤泥或微生物团块；停灌时排空管路	自动冲洗、排空		安装在支、毛管末端

1.闸阀

闸阀又称闸门或闸板阀，它是利用闸板升降控制开闭的阀门，流体通过阀门时流向不变，因此阻力小。它广泛用于冷、热水管道系统中，如图3-8所示。

闸阀和截止阀相比，在开启和关闭闸阀时省力，水流阻力较小，阀体比较短，当闸阀完全开启时，其阀板不受流动介质的冲刷磨损。但由于闸板与阀座之间密封面易受磨损，故闸阀的缺点是严密性较差，尤其在启闭频繁时；另外，在不完全开启时，水流阻力仍然较大。因此闸阀一般只作为截断装置，即用于完全开启或完全关闭的管路中，而不宜用于需要调节大小和启闭频繁的管路上。闸阀无安装方向，但不宜单侧受压，否则不易开启。

选用特点：密封性能好，流体阻力小，开启、关闭力较小，也有调节流量的作用，并且能从阀杆的升降高低看出阀的开度大小，主要用在一些大口径管道上。

2.球阀

球阀分为气动球阀、电动球阀和手动球阀三种，如图3-9所示。球阀阀体可以是整体的，也可以是组合式的。它是近十几年来发展最快的阀门品种之一。

球阀是由旋塞阀演变而来的，它的启闭件是一个球体，利用球体绕阀杆的轴线旋转90°，实现开启和关闭的目的。球阀在管道上主要用于切断、分配和改变介质流动方向，设计成V形开口的球阀还具有良好的流量调节功能。

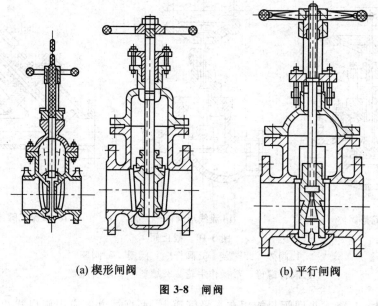

(a) 楔形闸阀   (b) 平行闸阀

图 3-8　闸阀

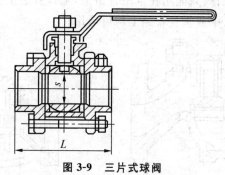

图 3-9　三片式球阀

球阀具有结构紧凑、密封性能好、结构简单、体积较小、质量轻、材料耗用少、安装尺寸小、驱动力矩小、操作简便、易实现快速启闭和维修方便等特点。

选用特点：适用于水、溶剂、酸和天然气等一般工作介质，而且还适用于工作条件恶劣的介质，如氧气、过氧化氢、甲烷和乙烯等，且特别适用于含纤维、微小固体颗料等介质。

3. 截止阀

截止阀如图 3-10 所示。截止阀主要用于热水供应及高压蒸汽管路中，它结构简单严密性较高，制造和维修方便，阻力比较大。流体经过截止阀时要改变流向，因此水流阻力较大，所以安装时要注意流体"低进高出"，方向不能装反。

选用特点：结构比闸阀简单，制造、维修方便，也可以调节流量，应用广泛，但流动阻力大，为防止堵塞和磨损，不适用于带颗粒和粘性较大的介质。

4. 止回阀

止回阀又名单流阀或逆止阀，它是一种根据阀瓣前后的压力差而自动启闭的阀门。它有严格的方向性，只许介质向一个方向流通，而阻止其逆向流动。用于不让介质倒流的管路上，如用于水泵出口的管路上作为水泵停泵时的保护装置。

根据结构不同，止回阀可分为升降式和旋启式，如图 3-11 所示。升降式的阀体与截止

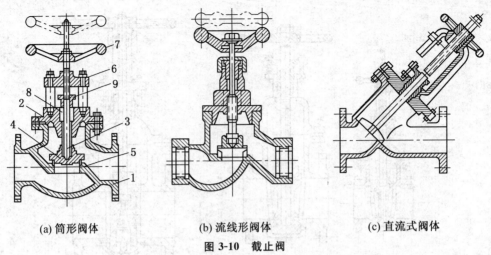

(a) 筒形阀体　　　　　(b) 流线形阀体　　　　　(c) 直流式阀体

图 3-10　截止阀

1.阀体　2.阀盖　3.阀杆　4.阀瓣　5.阀座
6.阀杆螺母　7.操作手轮　8.填料　9.填料压盖

阀的阀体相同。升降式止回阀只能用在水平管道上,垂直管道上应用旋启式止回阀,安装时应注意介质的流向,它在水平或垂直管路上均可应用。

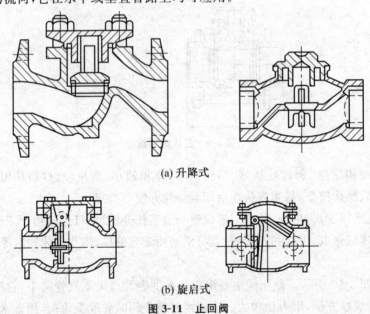

(a) 升降式

(b) 旋启式

图 3-11　止回阀

选用特点:一般适用于清洁介质,不适用于带固体颗粒和黏性较大的介质。

5.安全阀

安全阀是一种安全装置,当管路系统或设备(如锅炉、冷凝器)中介质的压力超过规定数值时,便自动开启阀门排气降压,以免发生爆炸危险。当介质的压力恢复正常后,安全阀又自动关闭。安全阀一般分为弹簧式和杠杆式两种,如图 3-12 所示。

弹簧式安全阀是利用弹簧的压力来平衡介质的压力,阀瓣被弹簧紧压在阀座上,平常阀瓣处于关闭状态。转动弹簧上面的螺母,即改变弹簧的压紧程度,便能调整安全阀的工作压力,一般要先用压力表参照定压。

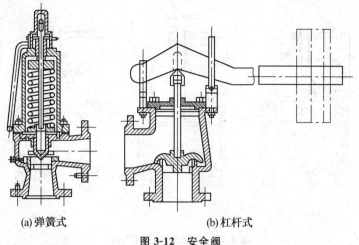

(a)弹簧式　　　　　　　　(b)杠杆式

图 3-12　安全阀

杠杆式安全阀,或称重锤式安全阀,它是利用杠杆将重锤所产生的力矩紧压在阀瓣上。保持阀门关闭,当压力超过额定数值,杠杆重锤失去平衡,阀瓣就打开。所以改变重锤在杠杆上的位置,就改变了安全阀的工作压力。

选用安全阀的主要参数是排泄量,排泄量决定安全阀的阀座口径和阀瓣开启高度。由操作压力决定安全阀的公称压力,由操作温度决定安全阀的使用温度范围,由计算出的安全阀定压值决定弹簧或杠杆的调压范围,再根据操作介质决定安全阀的材质和结构形式。

6.进排气阀

在管道充水时,管道内的空气需要排出,在关闭进口阀门时,由于水流自重作用下继续向下流动,在管内将形成真空,对管道安全威胁极大,为此必须适当设置进排气阀,保证管道的正常安全运行。

进排气阀一般设在顺坡布置的管道系统首部,逆坡布置的管道末端,管道凸起处,管道朝水流方向下折及超过 $10°$ 的变坡处,以及通过管网水力计算容易形成负压的管段。见图 3-13。

7.减压阀

减压阀又称调压阀,用于管路中降低介质压力。常用的减压阀有活塞式、波纹管式及薄膜式等几种,如图 3-14 所示。各种减压阀的原理是介质通过阀瓣通道小孔时阻力增大,经节流造成压力损耗从而达到减压目的。减压阀的进、出口一般要伴装截止阀。

减压阀只适用于蒸汽、空气和清洁水等清洁介质。在选用减压阀时要注意,不能超过减压阀的减压范围,保证在合理情况下使用。

8.电磁阀

电磁阀是自动化控制系统中的必备设备,一般为隔膜阀(图 3-15)。电磁阀腔内由一个特制的橡胶隔膜隔开。电磁阀内橡胶隔膜的上部与水接触面积大,下部与水接触面积小。当隔膜上下的压强相等时,隔膜上面的水压力将大于隔膜下面的水压力,隔膜被压回隔膜座,阀门关闭。阀门上游与隔膜上腔之间有一个过水小孔,上游的水可流入上腔,隔膜上腔的水可通过上腔与电磁头下的小孔流如入下游。阀门上下游之间这一细小过水通道的开与关由电磁头上的金属塞控制。金属塞落下则通道关闭,上升则开启。通道打开时上游的水

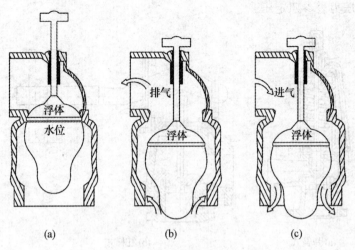

图 3-13　美国雨鸟进排气阀

（a）封闭状态　（b）排气状态　（c）进气状态

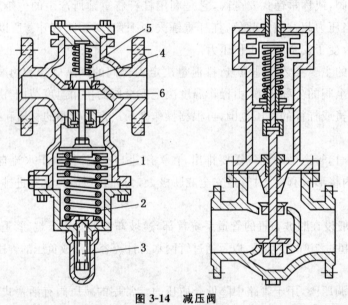

图 3-14　减压阀

1.波纹箱　2.调节弹簧　3.调节螺钉　4.阀瓣　5.辅助弹簧　6.阀杆

流向下游，导致隔膜上腔压力小于下腔压力，阀门打开。电磁头上的金属塞靠电磁力提升，靠塞上的弹簧压下。

由上述工作原理可知，驱使电磁阀开关的真正动力为水压。因此，当滴灌系统中流量及水压不足时，电磁阀是无法正常工作的。

二、流量与压力调节装置

滴灌系统工作压力是从最不利灌水小区向上推算的，当滴灌系统工作时，最不利灌水小区以上输配水管网中的压力将逐渐增大，为了保证滴灌系统灌水均匀，必须在其他灌水小区

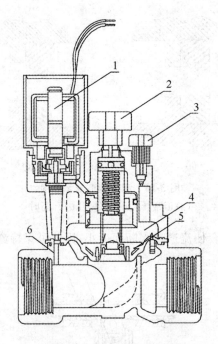

图 3-15 电磁阀结构示意图

1.电磁头 2.流量调节手柄 3.外排气螺丝 4.电磁阀上腔 5.橡胶隔膜 6.导流孔

进口处设置压力或流量调节装置,用以自动调节灌水小区进口的流量和压力。有些情况下,某些不能预计的原因可能使压力发生变化,也必须在系统中配置一定的稳定装置,以防止水压或流量的波动。

此外,由于国内尚未开发出适合在支管进口安装的流量压力调节装置,而不少厂家开发出了适合在毛管进口安装的流量调节器(简称"流调器")。

1.流量调节器

流量调节器是通过自动改变过水断面的大小来调节流量的。目前主要有两种不同形式结构特点的流量调节器:弹性橡胶环式和硅胶膜套式。

弹性橡胶环式的工作原理是:当管道中的压力不超过额定工作压力时,流量调节器内的弹性橡胶环处于图 3-16(a)所示状态,这时孔口断面较大,能通过正常的设计流量;当管路中压力增加时,水流就压迫橡胶环处于图 3-16(b)所示的位置。此时虽然压力升高了,但过水断面却减小了。因此仍能保持流量不变。

2.毛管流调器

目前国内滴灌设备生产厂家已开发出多种规格型号的毛管流调器产品,图 3-17 为一种压力式流调器,又称稳流三通。该流调器由 T 形三通和装在三通纵向管内的稳流管两部分组成,T 形三通连接处的纵向管内壁为圆锥形口,稳流管为一圆柱体,一端是与纵向管锥形口锥度一致的锥形口,另一端为圆形凸台。在圆柱体中下部腔内中心装设一断面为△形的三面体,在每一面上均垂直连有一个小△形三面体,三个小△形三面体互不相连,每两个小△形三面体间构成一水流流道,圆柱体中下部套装有硅胶套。

其工作原理是:流调器进水口压力不超过额定工作压力时,硅胶套不变形,此时流道过水断面较大,能通过正常的设计流量;当流调器进水口压力超过额定工作压力时,由于硅胶

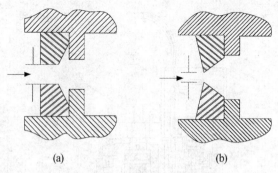

图 3-16　流量调节器示意图

(a)正常压力时　(b)压力升高时

套内外形成压差,压迫硅胶套使流道过水断面变小,因此可保持流量不变。

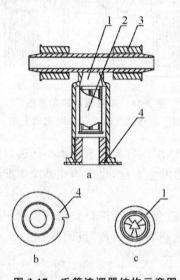

图 3-17　毛管流调器结构示意图

1.稳流管　2.硅胶套　3.滴灌带接头　4.与支管连接的外接头

3.压力调节器

压力调节器是用来调节滴灌管路中水压使之保持在稳定状态的装置。国外有大量各种形状的、适用于不同用途的廉价压力控制装置。安全阀实际上是一种特殊的压力调节装置。它们的主要部件是弹簧-活塞装置,靠压力压迫弹簧而驱动活塞来调节压力。这种压力控制方法最适用于滴灌系统:第一,它运行的水头损失相当低,为1～3 m;第二,如果设计合理,它对污物的阻塞作用很小,故而发生堵塞的可能性也小;第三,因为它只控制压力而不影响流量,可适用于灌水器数量不等的滴灌系统。

图 3-18 和图 3-19 所示为安装在支管进口处的压力调节器,其工作原理是:当管道中的压力较大时,作用在调节器上的水压力推开活塞,使部分水流通过排水孔排出,释放一部分压能,从而使管道中的水压保持稳定。

4.水头损失的调节

水头损失的调节,也是一种压力调节方法。如果要求流过管道的高压水有固定的水头

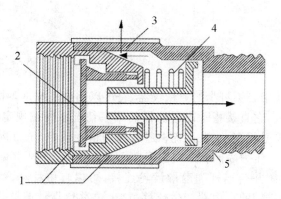

图 3-18　压力调节器
1.皮环　2.限位套　3.减压孔　4.调节弹簧　5.活塞栓

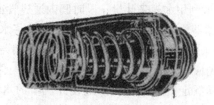

图 3-19　以色列 Lego 公司压力调节器

损失(以支管控制面积为灌水小区的滴灌系统往往是这样),则可用以下两种方法制造局部水头损失来实现:

方法一:利用一种非常简单的装置——带有一个小直径孔口的环状隔膜。在管内安装这种隔膜,可显著降低下游的水压。制造商会提供这种隔膜的降压特性和其他的技术说明。

方法二:选用支管进口处(三通、弯头或联接管)时,通过计算选用较小的入口端管径,造成所需要的水头损失。该方法可节省滴灌系统投资,最省钱;但计算量大,设计难度高。

调压管又称水阻管,是国内小系统上安装在毛管进口处的一种造成水头损失的装置(图3-20)。其工作原理是利用一定长度的细管沿程摩阻消能来消除毛管进口处的多余压力,使进入毛管的水流保持在设计允许的压力范围之内。

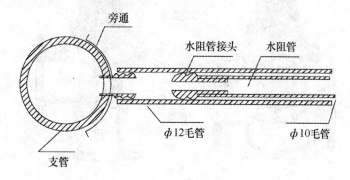

图 3-20　水阻管连接方式

三、量测设备

1. 压力表

压力表是滴灌系统中必不可少的测量仪器,它可以反映系统是否按设计正常运行,特别是过滤器前后的压力表,它直接指示出过滤器的堵塞情况以便按规定要求及时冲洗。市场上出售的压力表规格型号很多,滴灌系统中通常选用精度适中,压力量度范围较小(980 kPa以下)的弹簧管压力表。压力表内有一根圆形截面的弹簧管,管的一端固定在插座上并与外部接头相通,另一端封闭并与连杆和扇形齿轮连接,可以自由移动。当压力水进入弹簧管后,在压力的作用下弹簧管的自由端产生位移,这个位移使指针偏转,指针在度盘上的指示就是压力表安装位置的水压值。

2. 水表

在中小型滴灌系统中,一般利用水表来计量一段时间内通过管道的水流总量或灌溉用水量。水表一般安装在首部枢纽过滤器之后的干管上,也可根据需要将水表安装在相应的支管上。

滴灌系统应选用水头损失小、精度较高、量度范围大、使用寿命长、维修方便、价格低廉的水表。在选择水表时,首先应了解水表的规格型号、水头损失曲线及主要技术参数等。然后根据设计流量的大小,选择额定流量大于或接近设计流量的水表为宜,切不可单纯以输水管管径大小来选定水表口径,否则,会造成水头损失过大。

当滴灌系统设计流量较小时,可以用 L×S 型旋翼式水表。当系统流量较大时,可选用水平螺翼式水表,后者在同样口径和工作压力条件下,通过的流量比前者大 1/3,水头损失和水表体积都比前者小。

3. 自动量水阀

当通过预定的水量时自动量水阀即自动关闭。很多阀可以依次由水力驱动。

自动量水阀是根据所需水量和设计流量选择的(图 3-21)。在设计时,一定要考虑制造厂商提供的局部水头损失。

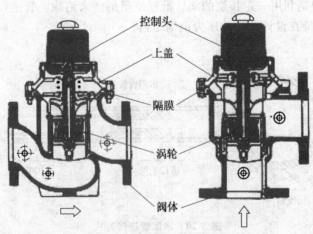

控制头
上盖
隔膜
涡轮
阀体

图 3-21 自动量水阀结构图

滴灌工程规划设计

第四章　滴灌工程规划设计基本资料

滴灌工程规划设计应认真调查、收集项目区和有关区域的气象、水文、地形、地貌、地质、土壤、生态与环境、水利工程现状、自然灾害、社会经济及有关规划等方面的基本资料,基本资料是工程项目规划设计的依据。

第一节　地理位置与地形资料

一、地理位置

地理位置资料包括经纬度、海拔高程及与规划、设计有关的自然地理特征等。

二、地形资料

地形图是进行工程规划设计重要的资料,进行滴灌工程规划设计时要收集或测量绘制比例适合、绘制规范的地形图,地形图比例尺应能满足工程总体布置的有关技术要求。灌溉面积在 $333 \sim 667 \ hm^2$ 的滴灌工程,规划布置图宜用 1/5 000~1/10 000 比例尺的地形图;灌溉面积小于 $333 \ hm^2$ 的滴灌工程宜用 1/2 000~1/5 000 比例尺的地形图。规划阶段典型设计和设计阶段,地形平坦情况下,宜采用 1/1 000~1/2 000 比例尺地形图;若地形比较复杂或低压滴灌系统,宜采用 1/500~1/1 000 比例尺地形图。

第二节　水文与气象资料

一、水文资料

水文资料包括取水点年来水系列及年内旬或月分配资料;相应泥砂含量及粒径组成资料;水化学类型、元素含量和总量以及水温变化资料。

一些小水源往往没有现成的观测资料,需根据水源特点进行访问调查或进行必要的测量和取样化验。对某些水源还需进行必要的产流条件调查,以分析来水的变化规律,如水井可了解其水文地质条件、成井工艺及供电保证率等。

二、气象资料

气象资料包括逐年逐月降雨、蒸发、逐月平均温度、湿度、风速、日照率,年平均积温、无霜期、冻土深度等。

1. 降水量

当地降水量情况资料是拟订滴灌工程灌溉制度的重要参考资料之一。应收集长系列降水资料,至少收集近期 10 年以上按旬或月统计的历年降水量或历年作物生育期的降水量,可到当地水利、气象部门收集。当没有当地降水量资料时,可使用附近降水条件相近地区的降水资料。

2. 蒸发量

蒸发量包括水面蒸发量、土壤蒸发量等。水面蒸发量与作物需水量之间存在一定程度的相关关系,因此当地缺乏作物需水量资料时,可利用水面蒸发量资料计算作物需水量。蒸发量一般采用 80 cm 口径蒸发皿值(E_{80}),若是 20 cm 口径的测定值(E_{20}),则应按当地气象台、站所确定的系数加以换算,通常 $E_{80}=0.8E_{20}$。历年蒸发量可按旬或月统计。

3. 土壤温度和冻土层深度

进行地埋管道铺设设计时,要收集 0～80 cm 的土层温度资料,一般需掌握 10 年逐年最高、最低土壤温度和冻土层深度资料。对于地埋管道的埋深,一般应使管顶位于冻土层以下,以避免冬季管道受到破坏。

第三节 土壤资料

规划和设计滴灌系统时,技术人员所关注的问题主要有土壤的持水能力,特别是植物根系层的持水能力,土壤的水分入渗率,拟种植作物的根系状况及作物用水量等。此外,为了规划和有效地管理生长在特定土壤上的特定作物的灌溉,以及为了根据不同情况对设计进行调整,了解掌握有关土壤知识也是必要的。土壤资料包括质地、容重、田间最大持水量、饱和含水量、永久凋萎系数、渗透系数、土壤结构、酸碱度、氮、磷、钾及有机质含量等。对于盐碱地,还应有盐分组成、含量、地下水埋深和水矿化度等。

一、土壤物理性质

土壤质地和结构是土壤的两个重要物理性质。土壤质地是指在特定土壤或土层中不同大小类别的矿物颗粒的相对比例。土壤结构是指土壤颗粒在形成组群或团聚体时的排列方式。土壤质地与结构两者一起决定了土壤中水和空气的供给状况。

1. 土壤质地

土壤质地的分类是根据砂粒、粉粒与黏粒的不同组合进行的。在田间,土壤质地可以凭手指的感觉确定。土壤质地分类一般分为砂土、砂壤土、壤土、壤黏土、黏土五类。

（1）砂土　砂土呈疏松与单粒状，很易见到或感觉到单独的颗粒。干燥时用手挤压，松手时砂粒即分散开来。潮湿时挤压成型，但一触即碎。

（2）砂壤土　砂壤土是含有较高比例的砂粒，但又有足够的粉粒和黏粒使其有点黏性的土壤。单个的砂粒很易发现和感觉到。砂壤土干燥时握紧成型，落下时即分散。潮湿时握紧成型，小心放置不致破碎。

（3）壤土　壤土是由不同等级的砂粒、粉粒、黏粒相对平均混合而成的土壤。有点黏而松软的感觉，但相当光滑，并有轻微的塑性。干燥时握紧成型后小心移动不会分散。潮湿时握紧成型后则能随意地放置而不致破碎。

（4）黏壤土　黏壤土属中等细质地土壤。干燥时通常破裂成较硬的团或块状。湿润时可用大拇指与其他手指捏成易断裂的细条状，可勉强承受自身的重量。湿土具塑性，成型后能经受剧烈的处置，在手中捏搓时不易破碎，会成为更坚实的团块。

（5）黏土　黏土是一种细质地的土壤。干燥时通常形成硬团块，湿润时塑性大且通常很黏，湿黏土可用拇指与另一手指捏成长而柔软的条带。但某些含较多胶体的黏土，在所有湿润条件下都脆而缺乏塑性。

2. 土壤结构

土壤结构是土壤颗粒组成自然团聚单元时的排列与组合方式。土壤科学家常将自然团聚单元称为土壤自然结构体。土壤结构影响水和空气进入土壤及在其中移动的速率，也影响根的穿透和土壤的营养供应状况。

二、土壤容重

土壤容重是指土壤在未破坏自然结构的情况下，单位体积的干土质量，单位为 g/cm^3。干土质量是指 $105 \sim 110℃$ 条件下的烘干土质量。土壤容重的大小随土壤质地、结构和土壤中有机质含量的不同而异。土壤容重是计算灌水定额的重要参数之一，最好通过试验确定，测定方法有环刀法、土坑法和蜡封法等，也可采用当地提供的以往实测数据。

三、土壤田间持水量

在自然条件下，若地下水位较深，当土壤充分灌溉后（或下透雨后），等到土体内过剩水分（重力水）下渗完，此时测得的土壤含水量（占干土重的百分数）即为土壤田间持水量。当土壤含水量达到田间持水量后，若继续灌溉，灌溉水只能增加土壤的湿润深度，并最终形成深层渗漏，因此田间持水量是灌溉后土壤有效含水量的上限。一般农作物的适宜土壤含水量应保持在田间持水量的 $60\% \sim 95\%$，若土壤含水量低于田间持水量的 60%，则需要灌溉，因此土壤田间持水量是判断是否需要灌溉和确定灌水量的依据。

四、土壤入渗能力

水从表面进入土壤的运动定义为入渗。水分通过空隙、裂隙、虫孔、腐烂根孔和由耕作形成的空隙进入土壤。土壤入渗能力以土壤入渗速度表示,是指单位时间入渗的水层厚度。在灌溉过程中,土壤入渗速度是变化的,开始时入渗速度较大,随着土壤水分的增加,入渗速度逐渐减少,总的趋势是开始很快,自后逐渐减慢,最后入渗速度趋向于一个稳定数值,称为稳定入渗率。

第四节　作物资料

▶ 一、作物情况

1.作物种植情况

作物种植情况指的是项目区内作物的种类、品种、种植面积、种植分布图及轮作倒茬计划等。

2.作物生育期

作物生育期指的是作物全生育期和各生育阶段的天数及起止日期。

3.作物主要根系活动层深度

作物主要根系活动层深度指的是作物主根系(根量占总根量的80%~90%)的土层深度,也就是土壤主要耗水层的深度,是确定灌水计划湿润层深度的依据。作物主要根系活动层深度随作物的成长和根的发育而增加,并且受土壤质地、紧实度、孔隙度、水分状况、耕作管理水平等条件的影响。各类作物各生育阶段的主要根系活动层深度可参考农田水利方面的相关书籍。

▶ 二、作物需水量与灌溉制度

1.作物需水量

作物需水量包括作物的生理需水和生态需水两部分,具体地说是指植株蒸腾和株间土壤蒸发两部分水量之和。作物需水量是制定灌溉制度的重要依据,它受气象条件,土壤性质、肥力和含水量等土壤条件,作物种类、品种特性和生育阶段等作物条件,以及灌溉、排水和农业技术措施等众多因素影响。确定作物需水量的主要方法是根据实测资料,为此应认真收集当地或邻近地区以往灌溉试验资料,从中分析确定符合设计年的作物需水量值。在缺乏实测资料的地区,可查阅国内有关作物需水量的参考资料进行估算。

2.作物灌溉制度

作物灌溉制度包括灌水定额、灌水次数、灌水日期和灌溉定额。根据设计标准而制定的灌溉制度是确定滴灌工程设计流量及工程各部分容量、规格的依据。

第五节　水源资料

河川径流、水库及池塘集雨、地下水和经过净化的污水等都可以作为滴灌系统的水源。为了确定滴灌的规模、规划水源工程，需要收集有关的水源资料，掌握其特性及变化规律，包括引水、蓄水、提水、输水和机井等工程的类别、名称、位置、容量、配套和完好率等情况。在井灌区需要收集已成井的数量、分布、出水量、机泵性能、运行状况、历年灌溉面积等。对于引河和水库的灌溉区需要收集水库和引水建筑物类别、有关尺寸、供水保证程度、各级渠道配套情况、设施完好状况、渠系水利用系数和灌溉水利用系数等。对于引用再生水、中水等为水源的灌区应了解水质状况，对作物生长和产出物的影响，以及供水可靠性、供水水量、流量等。

1. 河川径流

利用河川径流作为滴灌系统的水源时，水源工程可以是自流引水枢纽、抽水站等。需要的水文资料有典型年的流量过程线、典型年的水位过程线和水位流量关系曲线等。

2. 水库及小型蓄水工程

当水源工程是水库及小型蓄水工程时，需要长系列的水文资料，应收集水文资料有典型年逐月或逐旬径流量、水位库容曲线、设计和校核频率的洪水流量过程线、年输砂总量等。还需要收集一般资料有集水面积、降水量、径流系数、径流量和年径流的年内分配等。

3. 地下水

利用地下水作为滴灌系统的水源时，首先应确定地下水源的可开采量和设计开采量或单井出水量及动水位。可开采量是指以开采条件为主要依据计算出的数量，其值应由水文地质部门提供。设计开采量是指根据具体的开采设施能力和供需平衡条件而设计出的实际开采量。为确定设计开采量，应收集规划区的地质构造和水文地质资料（典型年和季节潜水位、观测孔潜水动态、典型钻孔柱状图、抽水试验资料等）。

4. 已建成的水利工程供水

当滴灌系统利用已建成的水利工程供水时，所需资料较为简单。例如，以已有渠道为水源时，应当了解该渠道历年的工作制度，即渠道的供水情况、渠道中的流量及水位变化；以已成井为水源时，应当通过抽水试验及以往使用情况的调查确定其可能提供的出水量和动水位。

第六节　生产条件和社会经济资料

▶ 一、生产条件资料

1. 生产现状

生产现状是指主要农作物历年平均亩产量，粮食作物和经济作物的价格，旱、涝、碱、虫、干热风、低温霜冻等灾害情况和减产情况，以便进行滴灌效益计算。

2.水利工程现状

水利工程现状是指已建引水、蓄水、提水、输水和机井等工程的类别、规模、位置、容量、配套完好程度和效益情况以及单井出水量、静水位、动水位变化情况。在滴灌系统规划设计时,应充分利用现有水利设施,以确保水源可靠并减少投资。

3.农田规划及现状

滴灌工程的规划设计应与当地农业生产发展规划、农田水利规划、项目区划相一致,这样既符合整体安排,以便于按照规划设计组织实施。

4.动力和机械设备

动力和机械设备主要是指电力和油料供应情况和价格,已有灌溉设备的规格、数量、使用情况和动力消耗情况,以便选择滴灌系统类型时参考。

5.材料和设备生产供应情况

材料和设备生产供应情况是指滴灌工程建筑材料和各种管材、设备来源、单价、运距及当地生产的产品、设备质量、性能、市场供销等情况,以便进行材料、设备选择和投资概(估)算。

6.生产组织和用水管理

生产组织和用水管理主要是指农业经营规模、集约化程度和机械化程度、现有水利工程的管理方式、用水管理办法等。

二、社会经济状况

1.项目区的行政区划和管理

项目区的行政区划和管理资料包括所在县、市、乡、镇或团场、营连名称,人口、劳力、民族及文化和农业生产承包方式,管理体制,技术管理水平等。

2.经济条件

经济条件资料包括工农业生产水平,现有耕地、荒地、草场及森林的分布和面积,森林覆盖率,牲畜状况,养殖业概况,缺水地区的范围与缺水程度,产品价格,经营管理水平,组织管理机构的体制及人员配备情况等。

3.交通条件

交通条件资料包括项目区对外的交通运输能力及运输价格情况。

4.相关发展规划和文件资料

相关发展规划和文件资料包括批准文件,行业发展规划,标准、规范等。

第五章　滴灌工程规划设计概论

兴建滴灌工程如同兴建其他灌溉工程一样,都应有一个总体规划。规划是滴灌系统设计的前提,它关系到此项工程的修建是否合理,技术上是否可行,经济上是否合算。因此,规划是关系滴灌工程成败的重要工作之一,必须给予充分重视。

第一节　滴灌工程规划原则与任务

一、滴灌工程规划原则

1.滴灌工程的规划与其他规划协调一致

应符合当地水资源开发利用、农村水利、农业发展及园林绿地等规划要求,并与灌排设施、道路、林带、供电等系统建设和土地整理规划、农业结构调整及环境保护等规划相协调。

2.近期需要与远景发展规划相结合

根据当前经济状况和今后农业发展的需要,把近期安排与长远发展规划结合起来,讲求实效,量力而行。根据人力、物力和财力,做出分期开发计划。

3.滴灌工程规划应综合考虑工程的经济、社会和生态效益

滴灌工程的最终用户是农民,目前我国农业生产受自然条件等制约,经济发展相对滞后,能否为农民带来实效应是滴灌工程建设的基本出发点。同时,为了水资源的可持续利用和农业的可持续发展,滴灌工程的社会和生态效益也是至关重要的。因此,充分发挥滴灌技术节水、节支、增效,减轻农民的劳动强度,增加农产品产量,改善产品品质等优势,把滴灌的经济效益、社会效益和生态效益很好地结合起来,使滴灌工程的综合效益最佳,是滴灌工程规划的目标。

二、滴灌工程规划的任务

滴灌工程规划内容应包括基本情况、规划原则、工程总体布置、工程数量及工程造价、投资分析、效益分析和经济评价等。各县(市)自然条件不同,存在问题和治理要求不同,其规划内容可视具体情况适当增减。规划任务包括:

1.勘测和收集基本资料

收集水源、气象、地形、土壤、植物、灌溉试验、能源与设备、社会经济状况和发展规划等方面的基本资料。资料收集的越齐全,规划设计依据越充分,规划成果也就越符合实际。

2.可行性分析

根据当地自然条件、社会和经济状况等论证工程的必要性和可行性。

3.确定工程控制范围和规模

根据水资源状况、土地资源、农业生产结构、农场或乡镇其他产业的情况,确定工程的控制范围和规模。

4.选择适当的取水方式

根据水源条件,选择引水或提水到高位水池、机井直接加压、地面蓄水池配机泵加压或自压等滴灌取水方式。

5.滴灌系统选型

要根据当地自然条件和经济条件,因地制宜地从技术可行性和经济合理性方面选择系统形式、灌水器类型。

6.工程布置

在综合分析水源水压力方式、地块形状、土壤质地、作物种植结构、种植方向、地面坡度等因素的基础上,确定滴灌系统的总体布置方案。

7.提出工程概算

选择滴灌典型地段进行计算,用扩大经济技术指标估算出整个工程的投资、设备、用工和用材种类、数量以及工程效益。

▶ 三、滴灌工程规划成果要求

滴灌工程规划成果一般包括规划报告、概算书以及工程布置图。规划报告应全面阐述滴灌工程规划的内容和编制说明。工程布置图应包括工程现状图、工程规划图等。灌溉面积在 333 hm² 及以上的工程布置宜绘制在不小于 1/5 000 的地形图上,面积小于 333 hm² 的宜绘制在 1/2 000～1/5 000 的地形图上。

第二节 滴灌工程设计标准

▶ 一、滴灌工程设计标准

我国灌溉规划中常采用灌溉保证率法确定灌溉设计标准。滴灌工程设计保证率应根据自然、经济条件确定。灌溉用水量得到保证的年份称为保证年,在一个既定的时期内,保证年在总年数中所占的比例称为灌溉用水保证率。

在农田水利工程设计中,灌溉用水保证率时常是给定的数值,称之为设计保证率。设计保证率可因各地自然条件、经济条件的不同而有所不同,就全国范围来讲,在 50%～95% 之间。由于自然和经济条件的关系,一般在南方采用较高值,在北方采用较低值;在水资源丰富的地区采用较高值,水资源紧缺地区采用较低值;在自流灌区采用较高值,扬水灌区采用较低值;在作物经济价较高地区采用较高值,作物经济价值不高地区采用较低值;在近期计划中采用较低值,在远景规划中采用较高值。

国家质量技术监督局和建设部联合发布的 GB 50288—99《灌溉与排水工程设计规范》中规定灌溉设计保证率应根据水文气象、水土资源、作物组成、灌区规模、灌水方法及经济效益等因素确定。对于滴灌工程,《微灌工程技术规范》(GB/T 50485—2009)规定灌溉设计保证率不应低于 85%,丰水地区或作物经济价值较高时,可取较高值;缺水地区或作物经济价值较低时,可取较低值。

二、基准年的选择

应选择滴灌工程规划基础资料比较齐全、社会经济发展水平较好、时间较近的年份作为规划基准年。

三、水平年的选择

可按 10~20 年的预见期,并参考国民经济与社会发展规划、农业发展规划的水平年,分析确定滴灌工程规划的水平年。近期规划可采用 5~10 年,远期规划可采用 10~20 年。

第三节　滴灌水质

滴灌水质要求应符合表 5-1、表 5-2 的规定。

表 5-1　农田灌溉用水水质基本控制项目标准值

序号	项目类别		作物种类		
			水作	旱作	蔬菜
1	五日生化需氧量/(mg/L)	≤	60	100	40[a],50[b]
2	化学需氧量/(mg/L)	≤	150	200	100[a],60[b]
3	悬浮物/(mg/L)	≤	80	100	60[a],15[b]
4	阴离子表面活性剂/(mg/L)	≤	5	8	5
5	水温/℃	≤	25		
6	pH		5.5~8.5		
7	全盐量/(mg/L)	≤	1 000[a](非盐碱土地区),2 000[b](盐碱土地区)		
8	氯化物/(mg/L)		350		
9	硫化物/(mg/L)	≤	1		
10	总汞/(mg/L)	≤	0.001		

序号	项目类别		作物种类		
			水作	旱作	蔬菜
11	镉/(mg/L)	≤	0.01		
12	总砷/(mg/L)	≤	0.05	0.1	0.05
13	铬(六价)/(mg/L)	≤	0.1		
14	铝/(mg/L)	≤	0.2		
15	粪大肠菌群数/(个/100 mL)	≤	4 000	4 000	2 000[a],1 000[b]
16	蛔虫卵数/(个/L)	≤	2		2[a],1[b]

a 加工、烹调及去皮蔬菜。

b 生食类蔬菜、瓜类和草本水果。

c 具有一定的水利灌排设施,能保证一定的排水和地下径流条件的地区,或有一定淡水资源能满足冲洗土体中盐分的地区,农田灌溉水质全盐量指标可以适当放宽。

表 5-2　农田灌溉用水水质选择性控制项目标准值

序号	项目类别		作物种类		
			水作	旱作	蔬菜
1	铜/(mg/L)	≤	0.5		1
2	锌/(mg/L)	≤	2		
3	硒/(mg/L)	≤	0.02		
4	氟化物/(mg/L)	≤	2(一般地区),3(高氟区)		
5	氰化物/(mg/L)	≤	0.5		
6	石油类/(mg/L)	≤	5	10	1
7	挥发酚/(mg/L)	≤	1		
8	苯/(mg/L)	≤	2.5		
9	三氯乙醛/(mg/L)	≤	1	0.5	0.5
10	丙烯醛/(mg/L)	≤	0.5		
11	硼/(mg/L)	≤	1[a](对硼敏感作物),2[b](对硼耐受性较强的作物),3[c](对硼耐受性强的作物)		

a 对硼敏感作物,如黄瓜、豆类、马铃薯、笋瓜、韭菜、洋葱、柑橘等。

b 对硼耐受性较强的作物,如小麦、玉米、青椒、小白菜、葱等。

c 对硼耐受性强的作物,如水稻、萝卜、油菜、甘蓝等。

第四节　水量平衡计算

　　水量平衡计算是根据滴灌工程和其他用水单位的需水要求和水源的供水能力,进行平衡计算和分析,确定滴灌工程的规模。水量平衡计算时要根据水源情况,遵循保证重点、照顾一般的原则,统筹兼顾,合理安排。

一、水源供水能力计算

滴灌工程总体设计时,必须对水源供水能力进行分析计算,以使整个工程落实在可靠的基础上,避免因水量不足而使工程建成后其效益不能充分发挥。

(1)当滴灌灌区是由已建成的水利工程(如入库、渠道)供水时,应调查收集该工程历年向各用水单位供水的流量资料,分析计算符合设计频率的年份可向本灌区提供的水量、水位和流量,以便判断供水能力是否有保障,确定是否需要再调节等。

(2)当利用水量丰富的江、河、水库、湖泊为滴灌水源时,滴灌系统引取的水量占总水量的比重很小,可以不作水源供水量计算。但这类水源的洪、枯水位变幅较大,不进行水位分析就可能使滴灌泵站的枯水期抽不上水,或在洪水期被淹没的危险。

(3)利用当地小河、山溪、塘堰作水源时,一般很少有实测水文资料,应深入实地进行调查,并利用地区水文手册或图集所提供的经验图表或公式来估算,以便使滴灌工程的供水能力更加可靠。

(4)利用井水、泉水作滴灌水源时,可能是单井供水,也可能是群井汇流,其出流量可根据现有井水出水量调查确定,必要时可作单井抽水试验来确定。利用泉水作滴灌水源时,水量有大有小,在调查的基础上再进行实测,使资料更为可靠。

二、用水量计算

滴灌用水量是指为满足作物正常生长需要,由水源向灌区提供的水量。滴灌用水量大小取决于设计水文年的降雨量、蒸发量、作物种类和种植面积等因素。因此,滴灌用水量应根据设计水文年的降雨、蒸发、作物种类及种植面积等因素计算确定。我国大田作物灌溉需水量试验资料较多,而果树、蔬菜和园林草坪的较少。此外,滴灌与传统的地面灌溉又有所不同,现有的灌溉试验资料也不能直接引用,在有灌溉试验资料时,应根据试验资料计算滴灌用水量;当无试验资料时,可参考条件相近地区试验资料或根据气象资料,按照彭曼法或蒸发皿法等计算确定。

三、水量平衡与调蓄计算

为使滴灌用水落实在可靠的基础上,工程规划时必须对来水和用水进行水量平衡计算。在水量平衡计算中可出现三种情况:一是当来水量及其在时间上的分配都达到或超过用水量时,说明天然来水能够满足任何时候的用水要求,一般无须再建蓄水工程;二是当来水在时间过程或量上不满足灌溉需要时,应建工程调蓄水量,改变天然的来水过程以适应用水要求;三是在无调蓄能力或调蓄能力不足时,应根据可能的供水能力确定滴灌面积。

(1)在水源供水流量稳定且无调蓄时,滴灌面积可按下列公式确定:

$$A = \frac{\eta QC}{10I_a} \tag{5-1}$$

无淋洗要求时,

$$I_a = E_a$$

有淋洗要求时，

$$I_a = E_a + I_L$$

式中：A 为灌溉面积(hm^2)；Q 为水源可供流量(m^3/h)；I_a 为设计供水强度(mm/d)；E_a 为设计耗水强度(mm/d)；I_L 为设计淋洗强度(mm/d)；C 为水泵日供水小时数(h/d)；η 为灌溉水利用系数。

（2）在水源有调蓄能力且调蓄容积已定时，滴灌面积可按下式确定：

$$A = \frac{\eta_{蓄} KV}{10 \sum I_i T_i} \tag{5-2}$$

式中：K 为复蓄系数，取 $1.0 \sim 1.4$；$\eta_{蓄}$ 为蓄水利用系数，取 $0.6 \sim 0.7$；V 为蓄水工程容积(m^3)；I_i 为灌溉季节各月的毛供水强度(mm/d)；T_i 为灌溉季节各月的供水天数(d)。

（3）在灌溉面积已定，需要确定系统需水流量时，可按式(5-1)计算，需要修建调蓄工程时，调蓄容积可按式(5-2)确定。

第六章 滴灌工程规划布置

第一节 灌水器的选择

一、滴灌选择灌水器应考虑的因素

灌水器选择受多种因素的制约和影响,主要凭借设计人员的经验并通过计算、分析来确定。在选择灌水器时,着重考虑以下因素。

1. 作物种类和种植形式

大田种植作物多为条(或行)播,如蔬菜、棉花、加工番茄、草莓等,要求带状湿润土壤,需要大量的毛管和灌水器,一般情况下,只有较为便宜的灌水器才能用于大田条播作物灌溉,如薄壁型滴灌带(管)等。

2. 土壤质地

水分在土壤中的入渗能力和横向扩散能力因土壤质地不同而有显著差异。如砂土,水分入渗快而横向扩散能力较弱,宜选用较大流量的灌水器,以增大水分的横向扩散范围。对于黏性土壤宜选用流量小的滴头,以免造成地表径流。总之,在选择灌水器流量时,应满足土壤的入渗能力和横向扩散能力。

3. 地形条件

任何灌水器都有其适宜的工作压力和范围。工作压力大,对地形适应性好,可用于地形起伏较大的灌溉工程,但能耗大,例如压力补偿式滴头就需要较高的工作压力,可用于荒山绿化滴灌工程;一次性薄壁滴灌带就不能承受较高的工作压力,可用于较为平坦的大田作物种植。

4. 灌水器流量-压力关系

灌水器的压力与流量之间变化关系是灌水器的一个重要特征值,直接影响灌水的质量。灌水器流量对压力变化的敏感程度表现为流态指数的大小。流量指数变化在 $0 \sim 1$ 之间,完全补偿灌水器流态指数为 $x = 0$,紊流灌水器流态指数 $x = 0.5$,层流灌水器流态指数 $x = 1$。流态指数值越大,灌水器流量对压力的变化越敏感。因此,尽可能选用流态指数较小的紊流型灌水器,自压灌溉时其工作压力范围还应满足水源所能提供的压力。

5. 制造精度

滴灌的出水均匀度与其制造精度密切相关,在许多情况下,灌水器的制造偏差所引起的流量变化,有时超过水力学引起的流量变化。因此,应选择制造偏差系数 C_v 值小的灌水器。

6.对水温变化的敏感性

灌水器流量对水温的敏感程度取决于两个因素:水流流态,层流型灌水器的流量随水温的变化而变化,而紊流型滴头的流量受水温的影响小;灌水器的某些零件的尺寸和性能易受水温的影响,如压力补偿滴头所用的弹性片。

7.灌水器抗堵塞性能

灌水器抗堵塞性能主要取决于灌水器的流道尺寸和流道内水流速度。抗堵塞能力差的滴头要求高精度的过滤系统,就可能增大系统的造价。宜选用灌水器应流道大、抗堵塞能力强。

8.价格

尽可能选择价格低廉的灌水器。

二、选择灌水器应遵循的原则

1.滴头类型的选择

一年生大田作物(棉花、加工番茄、玉米等)及大面积栽培的露地蔬菜、甜西瓜,应选用一次性滴灌带。

2.滴头流量的选择

①滴头流量选择的主要依据是土壤质地,为了降低系统投资,在可能的情况下应选择小流量滴头。

②在毛管和滴头布置方式确定的情况下,所选滴头流量必须满足湿润比的要求。

③满足灌溉制度的要求。在水量平衡的前提下,如果在规定的灌水周期内和系统日最大允许工作小时数内,不能将整个灌溉面积灌完,在不增加滴头数量的情况下,就需要重新选择更大流量的滴头。

3.滴头性能质量的选择

①尽可能选用紊流型滴头。

②选择制造偏差系数 C_v 值小的滴头。

③选择抗堵塞性能强的滴头。

④选择使用年限长而价格低的滴头。

第二节　滴灌系统布置

一、毛管和灌水器的布置

1.一般原则

①毛管沿作物种植方向布置。在山丘区作物一般采用等高种植,故毛管沿等高线布置。

②毛管铺设长度往往受地形条件、田间管理、林带道路布置等因素的制约,一般而言毛管铺设长度越长管网造价越经济,最大毛管铺设长度应满足流量偏差率或设计均匀度的要求,应由水力计算确定。

③毛管铺设方向为平坡时,一般最经济的布置是在支管的两侧双向布置毛管。毛管入口处的压力相同,毛管长度也相同。均匀坡情况下,且坡度较小时,毛管在支管两侧双向布置,逆坡向短,顺坡向长,其长度依据毛管水力特性进行计算确定。坡度较大,逆坡向毛管铺设长度较短情况下,应采用顺坡单向布置。

④毛管不得穿越田间机耕作业道路。

⑤在作物种类和栽培模式一定情况下,灌水器布置主要取决于土壤质地情况。

⑥严寒地区及多风地区,对易遭受风灾和冻害的多年生果树作物,特别是土壤质地较粘重的地方,在进行灌水器布设时,应做到尽量对称布设,并采取措施使土壤湿润区下移,以引导根系均匀下扎,增强果树抗风和抗冻能力。

2.滴灌毛管和灌水器的布置

(1)大田作物 滴灌目前主要在效益较高的经济作物上采用,应用面积较大的主要作物有:棉花、加工番茄等,一般均采用膜下滴灌形式,推荐采用一次性滴灌带,播种、布管、铺膜机械化一次完成。

①棉花 棉花膜下滴灌毛管一般铺设于地膜下,铺设方向与作物种植方向一致(顺行铺设),并尽量适应作物本身农业栽培上的要求(如通风、透光等)。滴灌施水、肥于作物根系附近,作物根系有向水肥条件优越处生长的特性(向水向肥性)。滴灌系局部灌溉,棉花栽培应突破地面灌情况下的传统栽培模式,为节约毛管用量减少投资,应在可能的范围内增大行距、缩小株距,根据土壤质地和作物通风透光的要求创新栽培模式,以加大毛管间距。

新疆生产建设兵团棉花膜下滴灌的几种毛管布置形式见图6-1至图6-3,棉花行距及毛管布设间距尺寸详见表6-1,可供设计时参考。

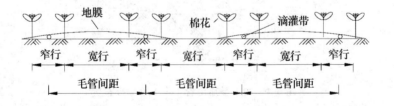

图6-1 1膜2管4行(1管2行)布置

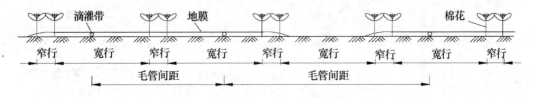

图6-2 1膜2管6行(1管3行)布置

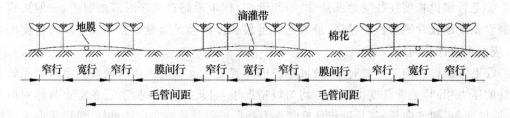

图 6-3 1 膜 1 管 4 行布置

表 6-1 棉花参考毛管间距和滴头间距

| 土壤质地 | 棉花种植形式/cm | | 毛管间距/cm | 滴头间距/cm | 一条毛管灌溉的棉花行数 |
	宽窄行	株距			
沙土	30＋60		90	30～40	1 管 2 行
沙土	30＋50		80	30～40	1 管 2 行
沙土	10＋66＋10＋66 或 16＋60＋16＋60		76	30～40	1 管 2 行
壤土～黏土	20＋40＋20＋60	9～10	140	40～50	1 管 4 行
壤土～黏土	10＋66＋10＋66 或 16＋60＋16＋60		1.14	40～50	1 管 3 行
壤土～黏土	10＋66＋10＋66 或 16＋60＋16＋60		152	40～50	1 管 4 行

②加工番茄 加工番茄膜下滴灌在新疆生产建设兵团已基本实现机械化栽培与收获,毛管及灌水器宜采用一次性滴灌带,一管两行布置(图 6-4),毛管间距和滴头间距见表 6-2。

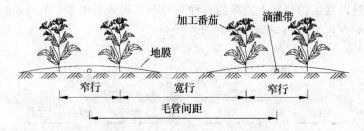

图 6-4 加工番茄毛管 1 膜 1 管 2 行布置

表 6-2 加工番茄参考毛管间距和滴头间距

| 土壤质地 | 栽培模式/cm | | 毛管间距/m | 滴头间距/cm | 一条毛管灌溉的棉花行数 |
	宽窄行	株距			
沙土	40＋90	35～40	1.3	35～40	
沙土	40＋70	35～40	1.1	35～40	1 膜 1 管 2 行
壤土～黏土	50＋80	35～40	1.3	40～50	
壤土～黏土	50＋90	35～40	1.4	45～50	

（2）蔬菜　所有蔬菜作物都可用滴灌有效地灌溉。大田生产推荐采用工作可靠、价格低廉的一次性滴灌带，它解决了重复使用中的堵塞和保管等问题，铺设、管理、回收均十分方便；保护地栽培因为毛管铺设长度很短，推荐采用价格更低的专用小口径（8 mm）滴灌带或滴灌管。毛管铺设方向应与作物种植方向一致（顺行铺设），并尽量适应作物本身农业栽培上的要求（如通风、透光等）。作物根系有向水肥条件优越处生长的特性（向水向肥性），为节约毛管减少投资，应在可能的范围内增大行距、缩小株距，以加大毛管间距。一条毛管控制两行（密植类作物可以控制一个窄畦）作物，见图 6-5 和图 6-6。蔬菜作物耗水量较大，对供水的均匀性要求较高，特别是保护地栽培，滴头间距宜采用小间距。主要蔬菜作物，包括草莓和大棚西瓜，参考毛管、滴头间距如表 6-3 所示。

表 6-3　蔬菜作物参考毛管间距和滴头间距

作物名称	品种	行距/cm		株距/cm	毛管间距/cm	滴头间距/cm	
		窄行	宽行			保护地	大田
黄瓜	长春密刺	30	70	25	100	25～30	30～40
	津春 2 号	40	80	25	120		
	津绿 4 号	30	70	25	100		
番茄	金棚 1 号	30	50	25	80	25～30	30～40
	金棚 3 号	30	50	25	80		
	毛粉 802	40	80	30	120		
	加州大粉	40	80	30	120		
辣椒	茄红甜椒	30	60	30	90	25～30	30～40
	矮树早椒	30	60	25	90		
豆角	双季豆	30	70	20	100	25～30	30～40
	丰收 1 号	30	70	20	100		
大棚西瓜	早花	40	120	25	160	25～30	30～40
草莓	丹东鸡冠	30	70	20	100	25～30	30～40

注：滴头间距视土壤质地而定，质地轻取小值，质地黏重取大值。

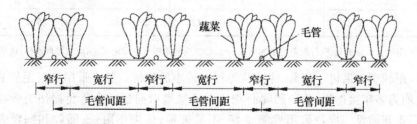

图 6-5　一般蔬菜作物毛管布置形式

（3）瓜类作物　甜瓜、西瓜是最适宜采用滴灌的作物，节水、省地、省工、防病、增产、提高品质的效果非常显著。一般均采用滴灌带，并配合以地膜栽培。采用宽窄行平种方式，将滴灌带铺设于窄行正中的土壤表面，上覆地膜，见图 6-7。应根据不同品种长势和栽培方法的不同正确确定毛管间距，一般情况下可按表 6-4 选用。

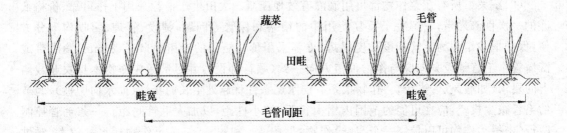

图 6-6　密植蔬菜作物毛管布置形式

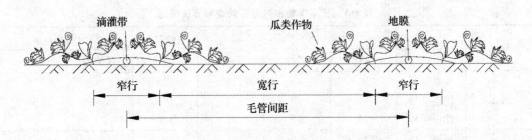

图 6-7　瓜类作物毛管布置形式

表 6-4　瓜类作物参考毛管间距和滴头间距

作物名称	品种熟性	作物行距/cm		作物株距 /cm	毛管间距 /cm	滴头间距 /cm
		窄行	宽行			
甜瓜	早	40	260	30～35	300	30～40
	中	40	260～310	35～40	300～350	30～40
	晚	40	310～410	40～45	350～450	30～40
西瓜	早	40	260～310	20～25	300～350	30～40
	中	40	310～360	25～30	350～400	30～40
	晚	40	360～410	30～35	400～450	30～40

注:①在中壤土和黏土上,窄行间距可增加到 50 cm;②滴头间距视土壤质地而定,质地轻取小值,质地黏重取大值。

(4)行距较小的果树　葡萄、啤酒花等行距较小的果树一般均采用单行毛管直线布置形式。因这均为多年生作物,葡萄和啤酒花还有开墩埋墩问题。为避免损伤毛管需埋墩前回收,开墩后重新铺设。推荐采用性能良好、不易破损、使用年限长、回收和铺设方便的滴灌管,铺设于地表和悬挂一定高度两种布置形式,见图 6-8。毛管间距和滴头间距根据栽培模式和土壤质地而定,一般情况下可按表 6-5 选用。

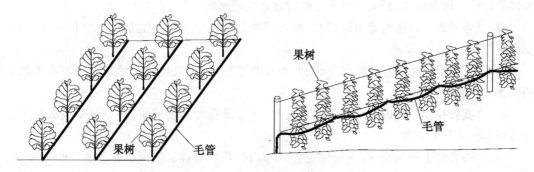

图 6-8　行距较小的果树毛管布置形式

表 6-5　葡萄、啤酒花和密植果树毛管间距和滴头间距

树种		行距/m	株距/m	毛管间距/m	滴头间距/cm	
					幼年树	成年树
葡萄	棚架	3.0~3.5	1.0	3.0~3.5	50	50
	篱壁架	2.5~3.0	1.0	2.5~3.0	50	50
啤酒花		3.0~3.5	1.0	3.0~3.5	50	50
杏、李		3.0	2.0	3.0	50×150	50
桃		2.5	2.5	2.5	50×200	50
石榴		3.0	2.0	3.0	50×150	50
无花果		4.0	2.0	4.0	50×150	50
巴旦木		4.0	2.0	4.0	50×150	50
红枣		3.0	2.0	3.0	50×150	50

注:①为了节约幼林期水的无效消耗,滴头采用变间距布置。50 cm×150 cm 表示变间距,滴头间距 50 cm、150 cm 交替变换(可在滴灌间距 50 cm 的滴灌管上每隔两个滴头堵两个滴头来实现)。即幼林期间,在间距 50 cm 两滴头间栽树,树干两边 25 cm 处各有一个滴头,一棵树有两个滴头供水。②幼树长大后,将堵掉的两滴头打开,可使整个树行形成湿润带,一棵树由四个滴头供水。

二、干管和支管布置

直接向毛管配水的管道为支管,向支管供水的管道统称为干管,干管和支管构成滴灌系统输配水管网。支管布置与干管布置应同时进行,具体布置取决于地形、水源、作物分布和毛管的布置。应通过方案比选选择出适合当地条件,工程费用少、运行费用低、管理方便的方案。

1. 支管布置的一般原则

滴灌系统支管布置应遵循以下原则:

(1)支管一般垂直于毛管(或作物种植方向)布设,其长短主要受田块形状、大小和灌水小区的设计等因素影响,长毛管短支管的滴灌系统较经济。

(2)支管间距取决于毛管的铺设长度,在可能的情况下应尽可能加长毛管长度,以加大支管间距。

(3)均匀坡双向毛管布置情况下,支管布设在能使上、下坡毛管上的最小压力水头相等的位置上,如图6-9所示。

(4)当支管控制范围内为一个灌水小区时,按系统压力均衡需要,必要时要在支管进口设置压力—流量调节器。

(5)双向布设毛管的支管,不要使毛管穿越田间机耕道路。当毛管在支管一侧布置时,支管可以平行田间道路布设。

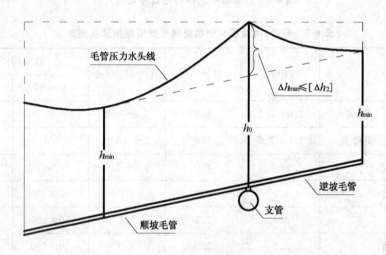

图6-9 均匀坡双向毛管布置情况下支管布置位置

2.干管布置的一般原则

滴灌系统干管布置应遵循以下原则:

(1)干管的起点由所灌溉地块的地形条件和形状及首部枢纽的位置来确定。

(2)地形平坦情况下,根据水源位置应尽可能采取双向分水布置形式;在有坡度的情况下尽量减少逆坡布置的管道数量。

(3)山丘地区,干管应沿山脊布置,或沿等高线布置。

(4)干管布置应尽量顺直,总长度最短,在平面和立面上尽量减少转折。

(5)干管应与道路、林带、电力线路平行布置,尽量少穿越障碍物,不得干扰光缆、油、气等线路。

(6)在需要与可能的情况下,输水总干管可以兼顾其他用水的要求。

(7)干管应尽量布设在地基较好处,若只能布置在较差的地基上,要妥善处理。

(8)干管级数应因地制宜地确定。加压系统干管级数不宜过多,因为存在系统的经济规模问题,级数越多管网造价和运行时的能量损失越高。

3.几种常见的管网布置形式

田间管网布置一般相对固定,这是因为经过合理划分的每一地块上,地块面积、地形地势、毛管长度等的变化范围较小,作物种植方向固定,可供选择的余地不多。在设计时应列出可能的管网布置方案进行优选。

（1）"一"字形布置　地形为窄长条形，水源位于地块窄边的中心，只需要布置一列分干管即可满足设计要求时常采用"一"字形管网布置形式，见图6-10。

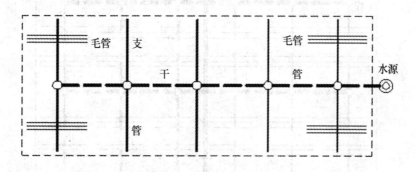

图 6-10　"一"字形管网布置

（2）"梳齿"形布置　水源位于地块的某一角时且根据地块宽度需布置两列及两列以上分干管时常用"梳齿"形布置，如图6-11所示。

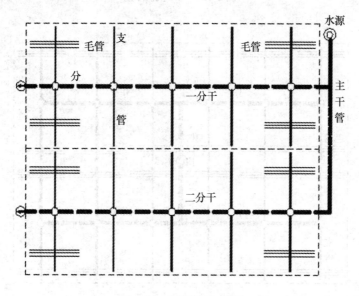

图 6-11　"梳齿"形布置

（3）"T"字形布置　如图6-12所示，水源位于地块地边中央时常用"T"字形布置形式。

（4）"工"字形或长"一"字形　"工"字形或长"一"字形管网布置，常用于水源位于田块中心，见图6-13和图6-14。

三、首部枢纽布置

系统首部枢纽通常与水源工程布置在一起，但若水源工程距灌区较远，也可单独布置在灌区附近或灌区中间，以便操作和管理。当有几个可以利用的水源时，应根据水源的水量、

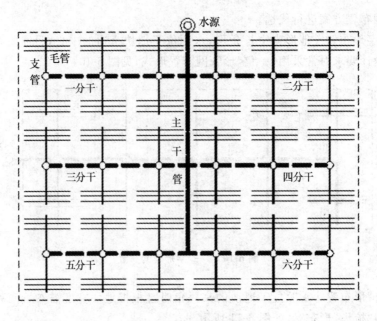

图 6-12 "T"字形布置

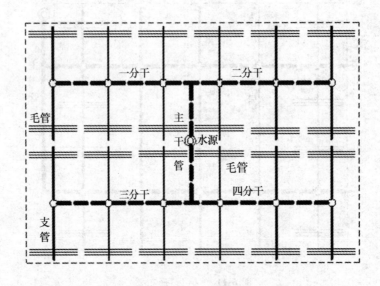

图 6-13 "工"字形布置

水位、水质以及灌溉工程的用水要求进行综合考虑。通常在满足滴灌用水水量和水质的要求情况下,选择距灌区最近的水源,以便减少输水工程的投资。在平原地区利用井水作为灌溉水源时,应尽可能地将井打在灌区中心,并在其上修建井房,内部安装机泵、施肥、过滤、压力流量控制及电气设备。规模较大的首部枢纽,除应按有关标准合理布设泵房、闸门以及附属建筑物外,还应布设管理人员专用的工作及生活用房和其他设施,并与周围环境相协调。

滴灌工程规划设计

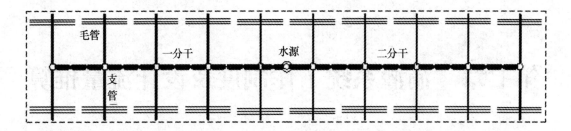

图 6-14　长"一"字形布置

第七章　滴灌系统工作制度及设计流量推算

第一节　滴灌系统工作制度

▶ 一、设计灌溉制度

设计灌溉制度是指作物全生育期(对于果树等多年生作物则为全年)中设计条件下的每一次灌水量(灌水定额)、灌水时间间隔(或灌水周期)、一次灌水延续时间、灌水次数和灌水总量(灌溉定额)的总称,它是设计灌溉工程容量的依据,也可作为灌溉管理的参考数据,但在具体灌溉管理时应依据作物生育期内土壤水分状况而定。

(一) 设计灌水定额计算

灌水定额是指单位灌溉面积上的一次灌水量或灌水深度。设计灌水定额按作物需水要求和所采用的灌水方式计算,一般采用最大净灌水定额和最大毛灌水定额作为灌溉管理的依据。当水源有保证,管理措施到位,灌水量小于最大灌水定额时,可根据设计供水强度推算。

1.最大灌水定额计算

滴灌系统的作物生育期最大净灌水定额可由式(7-1)或式(7-2)计算求得:

$$m_{max} = 0.001 \gamma z p (\theta_{max} - \theta_{min}) \tag{7-1}$$

$$m_{max} = 0.001 z p (\theta'_{max} - \theta'_{min}) \tag{7-2}$$

式中:m_{max} 为最大净灌水定额或最大净灌水深度(mm);γ 为土壤容重(表 7-1)(g/cm³);z 为土壤计划湿润层深度(cm);p 为设计土壤湿润比(%);θ_{max} 为适宜土壤含水率上限(重量百分比)(%);θ_{min} 为适宜土壤含水率下限(重量百分比)(%);θ'_{max} 为适宜土壤含水率上限(体积百分比)(%);θ'_{min} 为适宜土壤含水率下限(体积百分比)(%)。

表 7-1　不同土壤容重和水分常数

土　壤	容重 γ/(g/cm³)	水分常数			
		重量比/%		体积比/%	
		凋萎系数	田间持水量	凋萎系数	田间持水量
紧砂土	1.45~1.60		16~22		26~32
砂壤土	1.36~1.54	4~6	22~30	2~3	32~42
轻壤土	1.40~1.52	4~9	22~28	2~3	30~36

土　壤	容重 $\gamma/(g/cm^3)$	水分常数			
		重量比/%		体积比/%	
		凋萎系数	田间持水量	凋萎系数	田间持水量
中壤土	1.40～1.55	6～10	22～28	3～5	30～35
重壤土	1.38～1.54	6～13	22～28	3～4	32～42
轻黏土	1.35～1.44	15	28～32		40～45
中黏土	1.30～1.45	12～17	25～35		35～45
重黏土	1.32～1.40		30～35		40～50

考虑水量损失后,最大毛灌水定额采用式(7-3)计算:

$$m'_{max} = \frac{m_{max}}{\eta} \qquad (7\text{-}3)$$

式中: m_{max} 为最大净灌水定额(mm); m'_{max} 为最大毛灌水定额(mm); η 为灌溉水利用系数。

2. 采用设计供水强度推算设计灌水定额

采用设计供水强度推算设计灌水定额时,依据式(7-4)和式(7-5)进行计算。

$$m = T \cdot I_a \qquad (7\text{-}4)$$

$$m' = \frac{m}{\eta} \qquad (7\text{-}5)$$

式中: m 为设计净灌水定额(mm); T 为设计灌水周期(d); m' 为设计毛灌水定额(mm); I_a 为设计供水强度(mm/d)。

(二)设计灌水周期的确定

设计灌水周期是指在设计灌水定额和设计日耗水量的条件下,能满足作物需要,两次灌水之间的最长时间间隔。这只是表明系统的能力,而不能完全限定灌溉管理时所采用的灌水周期,有条件高频灌溉时可采用 1 天。最大灌水周期可按式(7-6)计算,设计灌水周期按式(7-7)计算,且满足式(7-8)。

$$T_{max} = \frac{m_{max}}{I_a} \qquad (7\text{-}6)$$

$$T = \frac{m}{I_a} \qquad (7\text{-}7)$$

$$T \leqslant T_{max} \qquad (7\text{-}8)$$

式中: T_{max} 为最大灌水周期(d); T 为设计灌水周期(d);其余符号意义同前。

(三) 一次灌水延续时间的确定

单行毛管直线布置,灌水器间距均匀情况下,一次灌水延续时间由式(7-9)确定。对于灌水器间距非均匀安装的情况下,可取 S_e 为灌水器的间距的平均值。

$$t = \frac{m' S_e S_1}{q_d} \qquad (7\text{-}9)$$

对于 n_s 个灌水器绕树布置时,采用式(7-10)确定。

$$t = \frac{m'S_r S_t}{n_s q_d} \qquad (7-10)$$

式中:t 为一次灌水延续时间(h);S_e 为灌水器间距(m);S_l 为毛管间距(m);q_d 为灌水器设计流量(L/h);S_r 为树的行距(m);S_t 为树的株距(m)。n_s 为每株植物的灌水器个数。

(四)灌水次数与灌溉定额

应用滴灌技术,作物全生育期(或全年)的灌水次数比传统的地面灌溉多。根据我国使用的经验,北方果树通常一年灌水 15～30 次;在水源不足的山区也可能一年只灌 3～5 次;新疆棉花膜下滴灌灌水 10～14 次,加工番茄膜下滴灌灌水 8～10 次。灌水总量为生育期或一年内(对多年生作物)各次灌水量的总和。

二、系统工作制度

工作制度有续灌、轮灌和随机供水灌溉三种情况。随机供水灌溉适合于一个系统包含多个承包农户、种植多种作物的形式。工作制度影响着系统的工程费用。在确定工作制度时,应根据系统大小、作物种类、水源条件、管理模式和经济状况等因素做出合理的选择。

(一)续灌

全系统续灌要求系统内全部管道同时供水,对设计灌区内所有作物同时灌水,则系统流量大,增加工程投资,因而全系统续灌多用于灌溉面积小的滴灌系统,如一个或几个温室大棚组成的滴灌系统,面积较小的果园,种植单一的作物时可采用续灌的工作制度。

(二)轮灌

轮灌是控制面积较大的滴灌系统普遍采用的工作制度。严格意义上讲完全轮灌是不存在的,轮灌往往是以某一级管道连续供水为基础,将其下一级管道所供水灌溉的范围划分为多个灌溉区域,分组分次运行。因此,一般情况下滴灌系统工作时既有轮灌,又有续灌,不能截然分开,但就系统总体运行而言,是以轮灌为主的。

1.轮灌组划分应遵循的原则

轮灌运行时,轮灌组的划分应遵循以下原则:

(1)各轮灌组面积和流量一致或相近　每个轮灌组控制的面积应尽可能相等或接近,以便水泵工作稳定,提高动力机和水泵的效率,减少能耗。对于水泵供水且首部无衡压装置的系统,每个轮灌组的总流量尽可能一致或相近,以使水泵运行稳定,提高动力机和水泵的效率,降低能耗。

(2)与管理体制相适应　轮灌组的划分应照顾农业生产责任制和田间管理的要求,尽可能减少农户之间的用水矛盾,并使灌水与其他农业技术措施如施肥、中耕、修剪等得到较好地配合。

(3)方便管理　为了便于运行操作和管理,手动控制时,通常一个轮灌组管辖的范围宜集中连片,轮灌顺序可通过协商自上而下或自下而上进行。自动控制灌溉时,宜采用插花操作的方法划分轮灌组,以最大限度地分散干管中的流量,减小管径,降低造价。

(4)轮灌组数目　轮灌组越多,流量越集中,各级输配水管道需要的管径越大,需要的控

滴灌工程规划设计

制阀门越多,系统管网的造价越高。而且,轮灌组过多,会造成各农户的用水矛盾,不利于系统的运行管理。

2.轮灌组的划分

轮灌组的个数取决于灌溉面积、系统流量、所选滴头的流量、日运行最大小时数、灌水周期和一次灌水延续时间等,轮灌组最大数目可由式(7-11)计算求得,实际轮灌组数由式(7-12)计算,并满足式(7-13)。

$$N_{max} = \frac{t_d T}{t} \text{ 或 } N_{max} = \frac{t_d T}{n_y t} \tag{7-11}$$

$$N = \frac{n_{总} q_d}{Q} \tag{7-12}$$

$$N \leqslant N_{max} \tag{7-13}$$

式中:N 为实际轮灌组数(个);$n_{总}$ 为系统灌水器总数(个);q_d 为灌水器设计流量(L/h);Q 为系统设计流量(L/h);t_d 为每日供水时数(h/d);n_y 为一个灌溉周期内移动次数;其余符号意义同前。

当实际轮灌组数 N 不为整数时,在满足作物灌溉的前提下,调整 q_d 或 Q 使 N 为整数。

轮灌方式不同,相应个管段流量是不同的,从而使系统管网的造价不同。在划分轮灌组时,还应结合其他各种影响因素进行综合考虑,进行方案优选。

(三) 随机供水灌溉

随机供水灌溉即为只要灌溉者需要,无论什么时候都可以进行灌溉。当灌水小区很多,且各自的用水时间无法预计时,采用随机供水灌溉。例如设施农业大棚温室群,往往有几十座甚至几百座温室或大棚,各温室大棚栽种的作物种类繁多,时间也前后不一;即使同一温室或大棚,受市场的影响或作物倒茬的需要,今年和明年所种的作物可能不同;即使种同种作物也有种植早晚的不同,而同种作物的生育阶段不同,应采取随机供水灌溉的工作制度进行设计。随机供水灌溉工作制度,农户有最大的灵活性,根据各自需要灌溉,每个农户用水时间不确定,但总体上服从某一种统计规律。不可能所有农户在同一时间灌溉,因此随机供水灌溉系统的流量大小介于续灌和轮灌之间。

第二节　设计流量推算

▶ 一、系统设计流量

滴灌系统设计流量依据《微灌工程技术规范》(GB-T-50485—2009)按式(7-14)计算:

$$Q = \frac{n_0 q_d}{1\,000} \tag{7-14}$$

$$n_0 = \frac{n_{总}}{N} \tag{7-15}$$

式中：Q 为系统设计流量(m^3/h)；q_d 为灌水器设计流量(L/h)；n_0 为同时工作的灌水器个数；其余符号意义同前。

二、毛管设计流量

毛管为多孔出流管，假定沿毛管道有 n 个灌水器或灌水器组，沿水流方向编号为 1、2、3……$i-1$、i、$i+1$……$n-1$、n，对应每个出口的流量为 q_1、q_2、q_3……q_{i-1}、q_i、q_{i+1}……q_{n-1}、q_n，见图 7-1。由于沿毛管水头损失及地形落差等因素的影响，使各灌水器工作水头不同，毛管进口流量由式(7-16)计算。为简化计算，可将滴头设计流量视为滴头平均流量依据式(7-17)计算毛管进口设计流量。

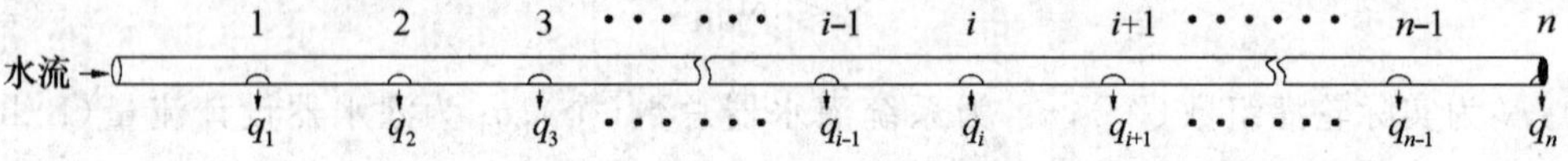

图 7-1　毛管配水示意图

$$Q_m = \sum_{i=1}^{n} q_i \qquad (7\text{-}16)$$

$$Q_m = nq_d \qquad (7\text{-}17)$$

式中：Q_m 为毛管进口流量(L/h)；n 为毛管上的灌水器数目；q_i 为毛管上第 i 个灌水器流量(L/h)；其余符号同前。

三、支管设计流量

支管可单向或双向给毛管配水，假定支管上有 P 排毛管，由进口至末端沿水流方向依次编号为 1、2、3…$i-1$、i、$i+1$…$P-1$、P，将支管分成 P 段，每段编号相应于其下端毛管的排号，如图 7-2 所示。

1. 单向配水

单向给毛管配水时(图 7-2(a))，任一段支管 i 的流量 Q_{Zi} 依据式(7-18)计算。

$$Q_{Zi} = \sum_{i=i}^{P} Q_{mi} \qquad (7\text{-}18)$$

式中：Q_{mi} 为第 i 条毛管进口流量(L/h)；Q_{Zi} 为支管第 i 段流量(L/h)；P 为支管上最末一段编号；i 为支管管段编号，顺流向排序。

支管进口流量为：

$$Q_Z = Q_{Z_1} = \sum_{i=1}^{P} Q_{mi} \qquad (7\text{-}19)$$

同毛管一样，因为沿支管压力水头的变化，毛管进口无压力流量调节设备情况下，事实上各毛管进口的流量也是不一样的。为简化计算，将 Q_m 视为毛管进口的平均流量，则：

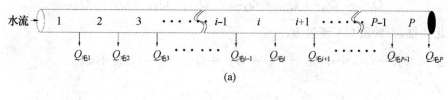

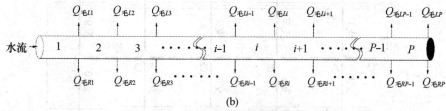

图 7-2　支管配水示意图

(a)单向配水　　(b)双向配水

$$Q_Z = Q_{Z_1} = P \cdot Q_m \qquad (7\text{-}20)$$

2. 双向配水

大部分支管双向给毛管配水(图 7-2(b)),任一段支管 i 的流量为:

$$Q_{Zi} = \sum_{i=i}^{P} (Q_{mLi} + Q_{mRi}) \qquad (7\text{-}21)$$

式中:Q_{mLi}、Q_{mRi} 分别为支管上第 i 排左边毛管和右边毛管的进口流量(L/h)。

支管进口流量为:

$$Q_Z = Q_{Z_1} = \sum_{i=1}^{P} (Q_{mLi} + Q_{mRi}) \qquad (7\text{-}22)$$

当 $Q_{mLi} = Q_{mRi}$ 时,将 Q_m 视为个毛管进口的平均流量,即 $Q_m = \dfrac{1}{P}\sum_{i=1}^{P} Q_{mLi} = \dfrac{1}{P}\sum_{i=1}^{P} Q_{mRi}$

时,则:

$$Q_Z = Q_{Z_1} = 2P \cdot Q_m \qquad (7\text{-}23)$$

式中:Q_Z 为支管进口流量(L/h);其余符号意义同前。

◢ 四、干管流量

1. 续灌时干管流量

任一干管段的流量等于该段干管以下支管流量之和。如图 7-3 所示,某滴灌工程采用续灌工作制度时,干管段 DE 流量为:

$$Q_{gDE} = Q_{支9} + Q_{支10}$$

干管段 CD 流量为:

$$Q_{gCD} = Q_{支7} + Q_{支8} + Q_{干DE} = Q_{支7} + Q_{支8} + Q_{支9} + Q_{支10}$$

依此类推，干管段 OA 流量为：

$$Q_{gOA} = Q_{支1} + Q_{支2} + Q_{干AB} = Q_{支1} + Q_{支2} + Q_{支3} + \cdots + Q_{支9} + Q_{支10}$$

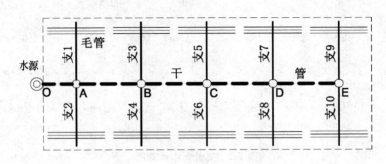

图 7-3 某滴灌工程系统平面布置图

2.轮灌时干管流量

轮灌运行时，任一干管段的流量等于各轮灌组运行时通过该管段的最大流量。若如图 7-3 所示的某滴灌工程采用轮灌工作制度，假定两条支管为一个轮灌组同时工作，共五个轮灌组，干管各管段流量及设计流量采用值见表 7-2。

表 7-2 轮灌运行时各干管段流量

管段	同时工作的支管编号					管段设计流量
	支1、支10	支3、支8	支5、支6	支7、支4	支9、支2	
OA	$Q_{支1}+Q_{支10}$	$Q_{支3}+Q_{支8}$	$Q_{支5}+Q_{支6}$	$Q_{支4}+Q_{支7}$	$Q_{支9}+Q_{支2}$	Max$\{Q_{支1}+Q_{支10}, Q_{支3}+Q_{支8}, Q_{支5}+Q_{支6}, Q_{支4}+Q_{支7}, Q_{支9}+Q_{支2}\}$
AB	$Q_{支10}$	$Q_{支3}+Q_{支8}$	$Q_{支5}+Q_{支6}$	$Q_{支4}+Q_{支7}$	$Q_{支9}$	Max$\{Q_{支10}, Q_{支3}+Q_{支8}, Q_{支5}+Q_{支6}, Q_{支4}+Q_{支7}, Q_{支9}\}$
BC	$Q_{支10}$	$Q_{支8}$	$Q_{支5}+Q_{支6}$	$Q_{支7}$	$Q_{支9}$	Max$\{Q_{支10}, Q_{支8}, Q_{支5}+Q_{支6}, Q_{支7}, Q_{支9}\}$
CD	$Q_{支10}$	$Q_{支8}$	0	$Q_{支7}$	$Q_{支9}$	Max$\{Q_{支10}, Q_{支8}, 0, Q_{支7}, Q_{支9}\}$
DE	$Q_{支10}$	$Q_{支8}$	0	$Q_{支7}$	$Q_{支9}$	Max$\{Q_{支10}, Q_{支8}, 0, Q_{支7}, Q_{支9}\}$

注：Max$\{Q_{支1}+Q_{支10}, Q_{支3}+Q_{支8}, Q_{支5}+Q_{支6}, Q_{支4}+Q_{支7}, Q_{支9}+Q_{支2}\}$ 表示在 $Q_{支1}+Q_{支10}$、$Q_{支3}+Q_{支8}$、$Q_{支5}+Q_{支6}$、$Q_{支4}+Q_{支7}$、$Q_{支9}+Q_{支2}$ 五个值中求最大值，其他类同。

3.随机供水灌溉时干管的流量

按轮灌方式供水设计的干管，比较经济。但当系统中有多个用户情况下，常感使用不便。特别是在当前农业生产普遍实行联产承包责任制情况下，各用户在用水时间上常常发

滴灌工程规划设计

生矛盾。要求设计成各用户无论什么时候需要,都可进行灌溉的滴灌系统。

若从干管上分水的全部支管都是具有相同的运行频率和流量时,随机供水干管流量可采用克莱门特(Clement)公式进行计算。当各支管流量不一样时,可将支管分组,建立包括面积和流量一样或接近的灌溉组合,按小组进行计算,得出小组流量,然后将各小组流量相加即为干管设计流量。

$$Q_g = xQ_r \tag{7-24}$$

$$x = \frac{1}{r}\left[1 + U\sqrt{\frac{1}{n_1} - \frac{1}{n_i}}\right] \tag{7-25}$$

$$Q_r = \frac{10^4 A \times I_a}{24 \times \eta} \tag{7-26}$$

式中:Q_g 为管道流量(L/h);x 为系数;Q_r 为干旱时期连续灌溉推求的干管或系统流量(L/h);A 为灌溉面积(hm²);r 为系统运行系数,$r = t_d/24$,r 一般不小于 0.667;U 为与系统运行保证率有关的系数(表 7-3);n_1 为干管上同时供水的支管数,$n_i = Q_r/(Q_z \cdot r)$;n 为干管上的支管总数;其余符号意义同前。

表 7-3　参数 U 值

系统灌溉保证率/%	参数 U
70	0.525
80	0.842
85	1.033
90	1.282
95	1.645
99	2.327
99.9	3.09

第八章 滴灌系统的水力设计

第一节 管道水力计算

　　管道水头损失计算是压力管网设计非常重要的内容,在系统布置完成之后,需要确定干、支管和毛管管径,均衡各控制点压力以及计算首部加压系统的扬程。在管道系统中,局部水头损失只占沿程水头损失的 5%～10% 以下,或管道长度大于 1 000 倍管径时,在水力计算中可略去局部水头损失和出口流速水头,称为长管,否则称为短管。在短管水力计算中应计算局部水头损失。

▶ 一、管道内水流的流态

　　滴灌系统管道内的水流一般为压力流,由于水的黏滞性及流速的差异,使水在流动时具有不同的流态,即层流和紊流。层流时,液体质点作规则的线状运动。紊流时,液体质点相互混渗,各质点的运动轨迹没有规律,但总体上还是沿着水管向前流动。管道内层流和紊流时的流速分布规律不同,两者的水头损失和流速的关系也有差别。在层流状态下,管壁处流速等于零,管子纵轴中心方向流速最大,流速在管内水流断面的分布呈抛物线规律。在紊流状态下,只有在近壁层流速像层流状态,水流断面其他地方的流速彼此相近。一般用雷诺数判别水流的流态,经换算圆管满流时雷诺数可根据式(8-1)算出:

$$Re = \frac{10\upsilon d}{\nu} = \frac{Q_g}{0.009\pi\upsilon d} \tag{8-1}$$

$Re < 2\,320$,层流;

$Re > 2\,320$,过度流和紊流。

式中:Re 为雷诺数;υ 为管道中的水流速度(m/s);d 为管道内径(mm);ν 为水流的运动黏滞系数,随水温而变化,见表 8-1(cm^2/s);其余符号意义同前。

表 8-1 水流的运动黏滞系数 ν 值

温度/℃	ν/($10^{-6}\,m^2/s$)	温度/℃	ν/($10^{-6}\,m^2/s$)
0	1.79		
2	1.67	18	1.06
4	1.57	20	1.01
		22	0.96
6	1.47		

温度/℃	$\nu/(10^{-6}\,\mathrm{m^2/s})$	温度/℃	$\nu/(10^{-6}\,\mathrm{m^2/s})$
8	1.39	24	0.91
10	1.31	26	0.88
12	1.24	28	0.84
14	1.18	30	0.80
16	1.12	32	0.66

二、管道沿程水头损失计算常用公式

1. 单出水口管道沿程水头损失计算

滴灌管道一般均为塑料管,内壁光滑,为光滑管。常用的沿程水头损失计算公式有:

(1)达西-韦斯巴赫(Dacy-Weisbach)公式

$$h_f = \frac{fLQ_g^2}{0.156\,9d^5} \tag{8-2}$$

式中:h_f 为管道沿程水头损失(m);f 为阻力系数,随管道内水流流态的不同而不同;L 为管道长度(m);其余符号意义同前。

勃拉休斯(Blasius)根据大量光滑管试验数据、提出不同流态下阻力系数 λ 的经验公式如下:

层流 $Re < 2\,320$ $\qquad f = \dfrac{64}{Re}$ (8-3)

过度流和紊流 $Re > 2\,320$ $\qquad f = \dfrac{0.316\,4}{Re^{0.25}}$ (8-4)

式中符号意义同前。

(2)勃拉休斯(Blasius)公式 滴灌系统管道水流流态几乎均为光滑紊流。将式(8-1)代入式(8-4)再代入式(8-2),经整理后得勃拉休斯(Blasius)公式:

$$h_f = \frac{1.47\nu^{0.25}Q^{1.75}}{d^{4.75}}L \tag{8-5}$$

式中符号意义同前。

(3)哈森-威廉斯(Hasen-Willians)公式 许多国家,广泛采用哈-威公式计算滴灌管道的水头损失。

$$h_f = 3\,137\,\frac{L}{d^{4.871}}\left(\frac{Q_g}{C}\right)^{1.852} \tag{8-6}$$

式中:C 为沿程摩阻系数(哈-威系数),对于光滑塑料管,$C = 150$;其余符号同前。

(4)《微灌工程技术规范》推荐公式 《微灌工程技术规范》GB/T 50485—2009 推荐公式为:

$$h_f = f\frac{Q_g^m}{d^b}L \tag{8-7}$$

式中：m、b 分别为流量指数和管径指数；微灌用塑料管时，可查阅表 8-2 选用，其余符号意义同前。

表 8-2　管道沿程水头损失计算系数、指数表

管　材			F	M	B
硬塑料管			0.464	1.77	4.77
微灌用聚乙烯管	$D>8$ mm		0.505	1.75	4.75
	$D\leqslant8$ mm	$Re>2\ 320$	0.595	1.69	4.69
		$Re\leqslant2\ 320$	1.75	1	4

注：微灌用聚乙烯管的 f 值相应于水温 10℃，其他温度时应修正。

《微灌工程技术规范》推荐公式是根据我国微灌管道水力试验结果提出的公式，$d>$ 8 mm 的微灌用聚乙烯管推荐用勃拉休斯公式，硬塑料管推荐公式与勃拉休斯公式差别很小，因此，除 $d<8$ mm 的管道外，建议一般滴灌系统管道均采用勃拉休斯公式进行计算。

2. 多出水口管道沿程水头损失计算

多出水口管道在滴灌系统中一般是指毛管和支管，分两种情况计算。

(1)同径、等距、等量分流时沿程水头损失计算　因为毛管和支管均属多出水口管，为简化计算，先假设所有的水流都通过管道全长，计算出该管路的水头损失，然后再乘以多口系数。目前，等距、等流量多出水口管的多口系数近似计算通用公式是克里斯琴森（Christiansen）公式：

$$F = \frac{N(\frac{1}{m+1} + \frac{1}{2N} + \frac{\sqrt{m-1}}{6N^2}) - 1 + x}{N - 1 + x} \tag{8-8}$$

式中：F 为多口系数，当 $N\leqslant100$ 时可查表 8-3 选用；N 为管道上出水口数目；m 为流量指数，层流 $m=1$，光滑紊流层流 $m=1.75$，完全紊流 $m=2$；x 为进口端至第一个出水口的距离与孔口间距之比。

表 8-3　管道沿程水头损失计算多口系数 F 值

N	$m=1.75$		N	$m=1.75$		N	$m=1.75$	
	$x=1$	$x=0.5$		$x=1$	$x=0.5$		$x=1$	$x=0.5$
2	0.650	0.533	12	0.406	0.380	22	0.387	0.372
3	0.546	0.456	13	0.403	0.379	23	0.386	0.372
4	0.498	0.426	14	0.400	0.378	24	0.385	0.372
5	0.469	0.410	15	0.398	0.377	25	0.384	0.371
6	0.451	0.401	16	0.395	0.376	26	0.383	0.371
7	0.438	0.395	17	0.394	0.375	27	0.382	0.371
8	0.428	0.390	18	0.392	0.374	28	0.382	0.370
9	0.421	0.387	19	0.390	0.374	29	0.381	0.370
10	0.415	0.384	20	0.389	0.373	30	0.380	0.370
11	0.410	0.382	21	0.388	0.373	32	0.379	0.370

| N | m＝1.75 | | N | m＝1.75 | | N | m＝1.75 | |
	x＝1	x＝0.5		x＝1	x＝0.5		x＝1	x＝0.5
34	0.378	0.369	45	0.375	0.368	70	0.371	0.366
36	0.378	0.369	50	0.374	0.367	80	0.370	0.366
40	0.376	0.368	60	0.372	0.367	100	0.369	0.365

注:摘自《滴灌工程规划设计原理与应用》(张志新等,滴灌工程规划设计原理与应用[M].北京:中国水利水电出版社,2007.7.

张国祥用积分作近似计算的方法,推求得全等距、等出水量多出水口管的多口系数近似公式,当总孔数 $N \geqslant 3$ 时为:

$$F = \frac{1}{m+1}(\frac{N+0.48}{N})^{m+1} \qquad (8-9)$$

式中符号意义同前。

支、毛管为等距多孔管时,其沿程水头损失可按式(8-10)计算。

$$h_f' = h_f \times F \qquad (8-10)$$

式中:h_f' 为等距多孔管沿程水头损失(m);其余符号意义同前。

(2)变径多出水口管道水头损失计算 由于多出水口管道内的流量自水流方向逐渐减小,为了节省管材,减少工程投资,通常可分段设计成几种直径,即沿水流方向逐渐减小管道直径,如图 8-1 所示。

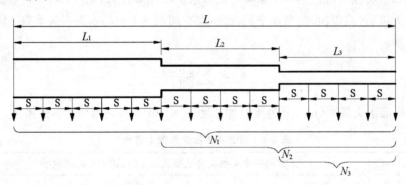

图 8-1 变径多出水口管道水力计算示意图

如果计算某段多出水口管道的水头损失时,则可将该段及其以下的长度看成与计算段直径相同的管道,计算多口出流管道水头损失,然后再减去与该管段直径相同、长度是其以下管道长度的多出水口管道水头损失,即:

$$\Delta H_i = \Delta H'_i - \Delta H'_{i+1} \qquad (8-11)$$

式中:ΔH_i 为第 i 段多出水口管道的水头损失(m);$\Delta H'_i$ 为第 i 段多出水口管道及其以下管长的水头损失(m);$\Delta H'_{i+1}$ 为与第 i 段直径相同的第 i 段多出水口管道以下长度的水头损失

(m)。对于最末一段支管,则按均一管径多口出流管道计算。采用勃拉休斯公式计算水头损失得:

$$\Delta H_i = 1.47 \nu^{0.25} \frac{Q_i^{1.75} L'_i F'_i - Q_{i+1}^{1.75} L'_{i+1} F'_{i+1}}{d_i^{4.75}} \tag{8-12}$$

若各出水口流量相等,每个出水口的流量为 q ,则

$$\Delta H_i = 1.47 \nu^{0.25} q^{1.75} \frac{N_i^{1.75} L'_i F'_i - N_{i+1}^{1.75} L'_{i+1} F'_{i+1}}{d_i^{4.75}} \tag{8-13}$$

式中:Q_i、Q_{i+1} 为第 i 段和第 $i+1$ 段支管进口流量(L/h);F'_i、F'_{i+1} 为第 i 段和第 $i+1$ 段支管及其以下管道的多口系数;L'_i、L'_{i+1} 为第 i 段和第 $i+1$ 段支管及其以下管道总长度(m);N_i、N_{i+1} 为第 i 段和第 $i+1$ 段支管及其以下管道出水口数目;d_i 为第 i 段多出水口管道内径(mm);其余符号意义同前。

三、管道的局部水头损失

　　管道的局部水头损失发生在水流边界条件突然变化、均匀流被破坏的流段。由于水流边界突然变形而使水流运动状态紊乱,从而引起水流内部摩擦而消耗机械能。在滴灌系统中,各种连接管件:接头、旁通、三通、弯头、阀门等,以及水泵、过滤器、肥料罐等装置都产生局部水头损失。局部水头损失对滴灌系统灌水均匀性的影响是比较大的,在进行滴灌系统水力计算时必须给予高度重视。

　　管道局部水头损失可以用一个系数与流速水头乘积来计算,见式(8-14)。流速 υ 为发生局部水头损失以后(或以前)的断面平均流速,在查阅表8-4局部水头损失系数 ξ 值时应注意流速 υ 的位置。

$$h_j = \sum \xi \frac{\upsilon^2}{2g} \tag{8-14}$$

式中:h_j 为局部水头损失(m);g 为重力加速度(9.81 m/s²);ξ 为局部损失系数。

表 8-4　局部水头损失系数 ξ 值表

名称	计算局部水头损失公式见式(6-36),式中 υ 如图说明	
	简图	局部水头损失系数 ξ 值
断面突然扩大	$\rightarrow \upsilon \,\, A_1 \quad A_2$	$\xi = \left(1 - \dfrac{A_1}{A_2}\right)^2$
断面突然缩小	$A_1 \quad A_2 \rightarrow \upsilon$	$\xi = 0.5\left(1 - \dfrac{A_2}{A_1}\right)$

名称	计算局部水头损失公式见式(6-36),式中 v 如图说明							
	简图		局部水头损失系数 ξ 值					
进口	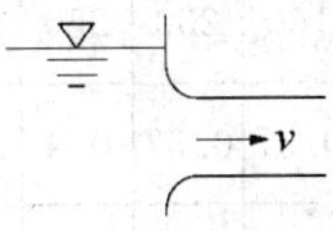	完全修圆	0.05~0.1					
		稍微修圆	0.2~0.25					
		没有修圆	0.5					
出口	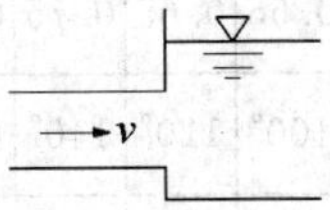	流入水库(池)	1.0					
		流入明渠	A_1/A_2	0.1	0.2	0.3	0.4	0.5
			ξ	0.81	0.64	0.49	0.36	0.25
			A_1/A_2	0.6	0.7	0.8	0.9	
			ξ	0.16	0.09	0.04	0.01	
渐放管			0.25					
渐缩管			0.1					
莲蓬头滤水网	无底阀　有底阀	有底阀	吸水管直径 d/mm	40	50	75	100	125	150
			ξ	12	10	8	7	6.5	6
			吸水管直径 d/mm	200	250	300	400	500	750
			ξ	5.2	4.5	3.7	3	2.5	1.6
		无底阀	2~3(大型~小型)						
弯管	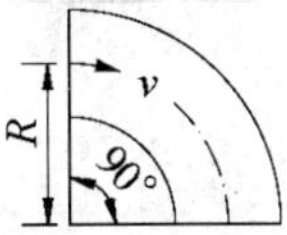	1	R/d	0.5	1.0	1.5	2.0	3.0	4.0	5.0
			$\xi_{90°}$	1.2	0.8	0.6	0.48	0.36	0.3	0.29

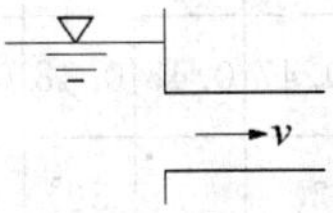

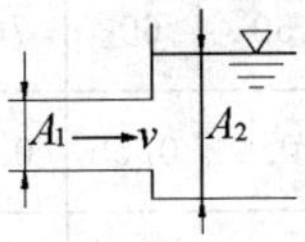

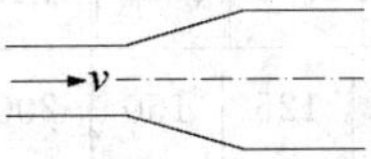

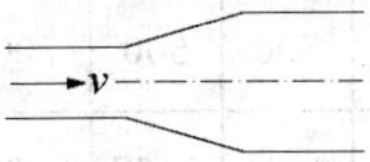

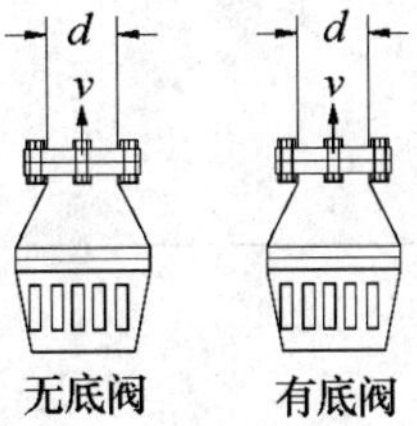

第八章　滴灌系统的水力设计

名称	计算局部水头损失公式见式(6-36),式中 v 如图说明	
	简图	局部水头损失系数 ξ 值

2								
d/mm	50	100	150	200	250	300	350	400
$\xi_{90°}$	0.36	0.36	0.37	0.37	0.4	0.42	0.42	0.45
d/mm	450	500	600	700	800	900	1 000	
$\xi_{90°}$	0.45	0.46	0.47	0.48	0.48	0.49	0.50	

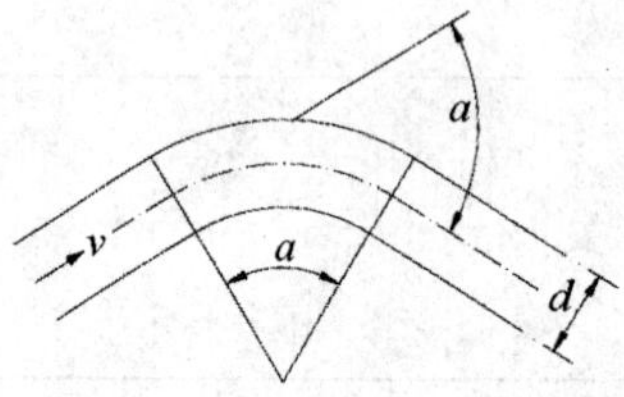

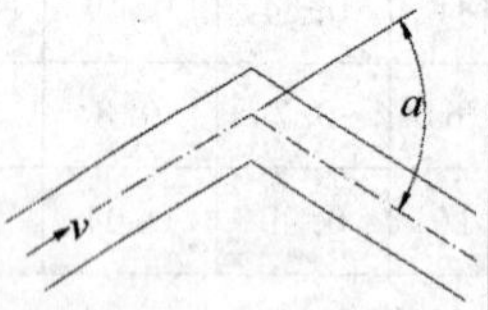

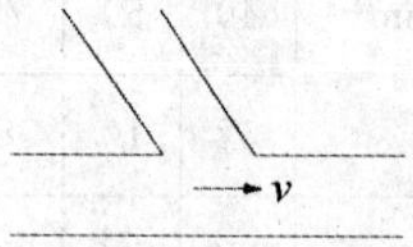

$\xi_\alpha = a\xi_{90°}$

a	20°	30°	40°	50°	60°	70°	80°
a	0.4	0.55	0.65	0.75	0.83	0.88	0.95
a	90°	100°	120°	140°	160°	180°	
a	1.0	1.05	1.13	1.20	1.27	1.33	

圆形	a	30°	40°	50°	60°	70°	80°	90°
	ξ	0.2	0.3	0.4	0.55	0.7	0.9	1.1
矩形	a	15°	30°	45°	60°	90°		
	ξ	0.025	0.11	0.28	0.49	1.2		

铸铁弯头	标准90°弯头							
	d/mm	75	100	125	150	200	250	300	350
	ξ	0.34	0.42	0.43	0.48	0.48	0.52	0.58	0.59
	d/mm	400	450	500	600	700	800	900	
	ξ	0.6	0.62	0.64	0.67	0.68	0.70	0.71	

斜三通		
		0.05
	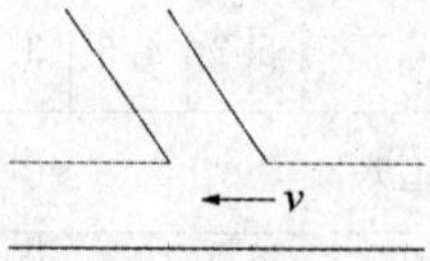	0.15
	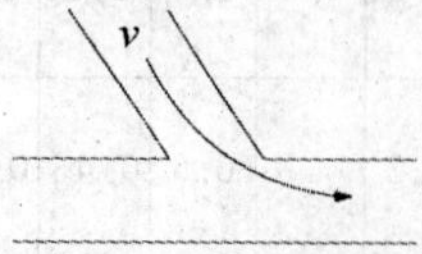	0.5

名称	计算局部水头损失公式见式(6-36),式中 v 如图说明						
	简图	局部水头损失系数 ξ 值					
	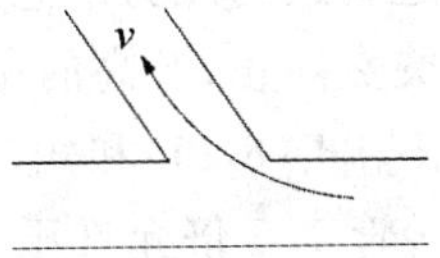	1.0					
	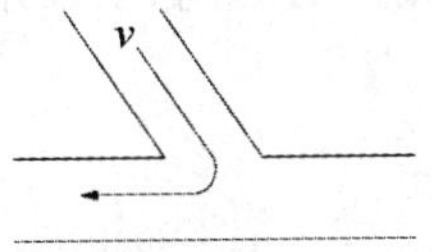	3.0					
孔板	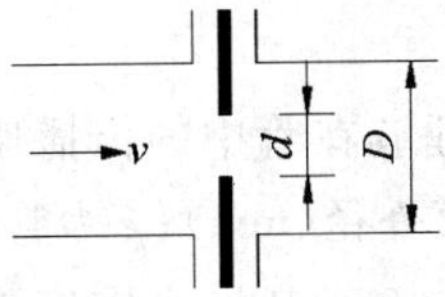	孔口截面直径与进水管直径之比(d/D)	0.3	0.4	0.45	0.5	0.55
		ξ	309	87	50.4	29.8	18.4
		孔口截面直径与进水管直径之比(d/D)	0.6	0.65	0.7	0.75	0.8
		ξ	11.3	7.35	4.37	2.66	1.55
标准喷嘴	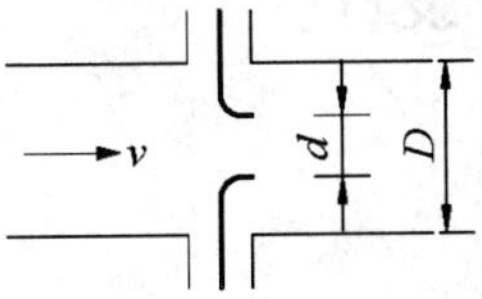	孔口截面直径与进水管直径之比(d/D)	0.3	0.4	0.45	0.5	0.55
		ξ	108.8	29.8	16.8	8.9	5.9
		孔口截面直径与进水管直径之比(d/D)	0.6	0.65	0.7	0.75	0.8
		ξ	3.5	2.1	1.2	0.76	
文丘里管	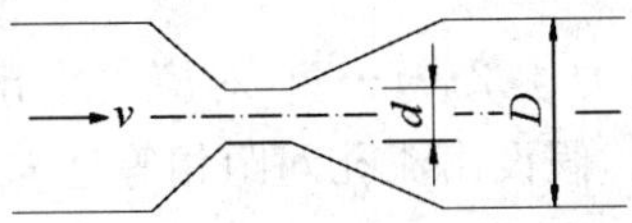	孔口截面直径与进水管直径之比(d/D)	0.3	0.4	0.45	0.5	0.55
		ξ	19	5.3	3.06	1.9	1.15
		孔口截面直径与进水管直径之比(d/D)	0.6	0.65	0.7	0.75	0.8
		ξ	0.69	0.42	0.26		
水泵入口	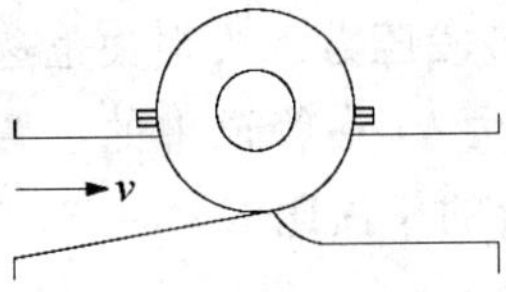	1.0					

注:本表引自《喷灌工程设计手册》(喷灌工程设计手册编写组. 北京:水利电力出版社,1989)。

第八章 滴灌系统的水力设计

在满流压力管道中,水的流动速度突然变化时会引起管道内压力的急剧变化称为水锤。滴灌系统运行时关闭或开启阀门时,管道内的有压水流突然停止,升高的压力先发生在阀门附近,然后沿管道在水中传播。在滴灌系统设计时,应依据式(8-15)和式(8-16)对干管进行水锤压力验算。当计入水锤后的管道工作压力大于塑料管 1.5 倍允许压力或产生负压时,应采取:限制管道内流速在 2.5~3 m/s、延长阀门关闭或开启时间、安装水锤消除阀等措施防护。

$$\Delta H = \frac{C\Delta v}{g} \tag{8-15}$$

$$C = \frac{1\ 435}{\sqrt{1 + \frac{2\ 100(D - e)}{E_s e}}} \tag{8-16}$$

式中:ΔH 为直接水锤的压力水头增加值(m);C 为水锤波在管中的传播速度(m/s);Δv 为管中流速变化值,为初流速减去末流速(m/s);D 为管道外径(mm);e 为管壁厚度(mm);E_s 为管材的弹性模量(MPa),聚氯乙烯为 $E_s = 2\ 500~3\ 000$ MPa,高密度聚乙烯管为 $E_s = 750~850$ MPa,低密度聚乙烯管为 $E_s = 180~210$ MPa;其余符号意义同前。

第二节　支、毛管设计

一、支、毛管的水力特征

为便于施工安装,滴灌系统设计中支、毛管一般采用等径多孔管,了解支、毛管的压力分布、最大及最小工作水头孔口位置等水力特征是进行支、毛管设计的基础。

1.压力分布

假定沿管道有 N 个出口,沿水流方向孔口编号为 1、2⋯i⋯N,对应每个出口的流量为 q_1、q_2⋯q_i⋯q_N,各出水口相应压力为 h_1、h_2⋯h_i⋯h_N,假设出流孔间距相等且 $q_1 = q_2 = \cdots = q_i = \cdots = q_N = q_d$,则其摩损比可近似用式(8-17)表示,相应压力水头可用式(8-18)表示,由式(8-18)可以绘制出能量坡度线图,如图 8-2 所示。由于分流的影响,实际上在每个孔口有一个水头跌落,从上游孔至下游孔跌落值逐渐减小。靠近上游,管道内流量较大,压力水头损失值大,压力水头线斜率大;沿管道流量逐渐减小,各段压力水头损失也逐渐减小,压力水头线斜率减小,压力水头线趋于平缓。N 个孔平均压力 h_d 在管道中的位置随 N 值不同而不同:当 $N>100$ 时,可近似认为 h_d 在 $0.38\,L$ 处,相应的摩损比 $R=0.73$;当 $N \leqslant 100$ 时,h_d 在 $0.3~0.4\,L$ 处,相应的摩损比根据 N 值大小查阅表 8-5。

$$R_i = 1 - \left(1 - \frac{i}{N + 0.487}\right)^{m+1} \tag{8-17}$$

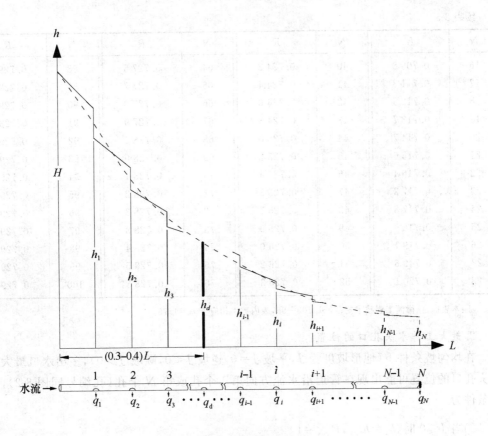

图 8-2 多孔管能量坡度线图

$$h_i = H - R_i \Delta H \pm \Delta H'_i \tag{8-18}$$

式中:R_i 为第 i 孔的摩损比;i 为孔口编号;N 为孔口总数;m 为计算 ΔH 时所采用公式中的流量指数;h_i 为孔口 i 断面处的压力水头(m);H 为管道进口处的压力水头(m);ΔH 为管道全长的摩阻损失;$\Delta H'_i$ 为管道进口处与 i 断面处地形高差,顺坡为"+",逆坡为"-"(m)。

表 8-5 平均摩损比 R

N	R	N	R	N	R	N	R
5	0.651 3	29	0.720 6	53	0.726 4	77	0.728 6
6	0.666 4	30	0.721 0	54	0.726 6	78	0.728 7
7	0.676 8	31	0.721 4	55	0.726 7	79	0.728 7
8	0.684 4	32	0.721 8	56	0.726 8	80	0.728 8
9	0.690 2	33	0.722 1	57	0.726 9	81	0.728 8
10	0.694 8	34	0.722 5	58	0.727 0	82	0.728 9
11	0.698 5	35	0.722 8	59	0.727 1	83	0.728 9
12	0.701 6	36	0.723 1	60	0.727 2	84	0.729 0
13	0.704 1	37	0.723 4	61	0.727 3	85	0.729 1
14	0.706 3	38	0.723 7	62	0.727 4	86	0.729 1
15	0.708 2	39	0.723 9	63	0.727 5	87	0.729 1

N	R	N	R	N	R	N	R
16	0.709 8	40	0.724 2	64	0.727 6	88	0.729 2
17	0.711 3	41	0.724 4	65	0.727 7	89	0.729 2
18	0.712 5	42	0.724 6	66	0.727 8	90	0.729 3
19	0.713 7	43	0.724 8	67	0.727 9	91	0.729 3
20	0.714 7	44	0.725 0	68	0.728 0	92	0.729 4
21	0.715 6	45	0.725 2	69	0.728 0	93	0.729 4
22	0.716 4	46	0.725 4	70	0.728 1	94	0.729 5
23	0.717 2	47	0.725 5	71	0.728 2	95	0.729 5
24	0.717 8	48	0.725 7	72	0.728 3	96	0.729 5
25	0.718 5	49	0.725 9	73	0.728 3	97	0.729 6
26	0.719 1	50	0.726 0	74	0.728 4	98	0.729 6
27	0.719 6	51	0.726 2	75	0.728 5	99	0.729 7
28	0.720 1	52	0.726 3	76	0.728 5	100	0.729 7

注：本表摘自《微灌工程技术规范》SL 103—95，表内数字相应于 $m=1.75$。

2. 最大工作水头孔口的位置

在均匀坡条件下(地形坡度为 J，平坡 $J=0$，逆坡 $J<0$，顺坡 $J>0$)，多出水口最大工作水头孔口的位置可能出现在管道沿水流方向第 1 个孔或第 N 个孔(孔编号同图 8-2)，其判别条件为：

①当 $J\leqslant 0$ 时，$h_1=h_{max}$，$P_{max}=1$

②当 $J>0$ 时，有 $\dfrac{kfq_d^{1.75}(N-0.52)^{2.75}}{2.75Jd^{4.75}(N-1)}$ $\begin{cases} >1,h_1>h_N,h_1=h_{max},P_{max}=1 \\ =1,h_1=h_N=h_{max},P_{max}=1 \text{ 或 } N \\ <1,h_1<h_N,h_N=h_{max},\ P_{max}=N \end{cases}$ (8-19)

式中：k 为毛管水头损失扩大系数，$k=1.1-1.2$；h_{max} 为毛管上孔口的最大工作水头(m)；h_1 为毛管上第 1 孔压力(m)；h_N 为管道上第 N 孔压力(m)；P_{max} 为最大工作水头孔口编号；其余符号意义同前。

3. 最小工作水头孔口的位置

一条毛管上最小工作水头分流孔的位置可用以下方法判定。

①当降比 $\dfrac{Jd^{4.75}}{kfq_d^{1.75}}\leqslant 1$ 时，$P_{min}=N$

②当 $\dfrac{Jd^{4.75}}{kfq_d^{1.75}}>1$ 时，按式(8-20)计算。

$$P_{min}=N-\text{INT}\left[\left(\frac{Jd^{4.75}}{kfq_d^{1.75}}\right)^{0.571}\right]$$ (8-20)

式中：P_{min} 为最小工作水头孔口编号；其余符号意义同前。

4. 各孔口的最大水头偏差

一条多孔管上各孔口的最大水头偏差用下列方法计算。

① 当降比 $\dfrac{Jd^{4.75}}{kfq_d^{1.75}} \leqslant 1$ 时,按式(8-21)计算。

$\Delta h_{max} = h_1 - h_N = \Delta H - \Delta H'$,即:

$$\Delta h_{max} = \frac{kfSq_d^{1.75}(N-0.52)^{2.75}}{2.75d^{4.75}} - JS(N-1) \qquad (8-21)$$

② 当 $\dfrac{Jd^{4.75}}{kfq_d^{1.75}} > 1$ 且 $P_{max} = N$ 时,按式(8-22)计算。

$\Delta h_{max} = h_N - h_{Pmin} = \Delta H'_{Pmin \to N} - \Delta H_{Pmax \to N}$,即:

$$\Delta h_{max} = JS(N-P_{min}) - \frac{kfSq_d^{1.75}(N-P_{min}+0.48)^{2.75}}{2.75d^{4.75}}) \qquad (8-22)$$

③ 当 $\dfrac{Jd^{4.75}}{kfq_d^{1.75}} > 1$ 且 $P_{max} = 1$ 时,按式(8-23)计算。

$\Delta h_{max} = h_1 - h_{Pmin} = \Delta H_{1 \to Pmin} - \Delta H'_{1 \to Pmin}$,即:

$$\Delta h_{max} = \frac{kfSq_d^{1.75}[(N-0.52)^{2.75} - (N-P_{min}+0.48)^{2.75}]}{2.75d^{4.75}} - JS(P_{min}-1) \qquad (8-23)$$

式中:Δh_{max} 为一条多孔管上各孔口最大水头偏差;S 为分流孔的间距(m);其余符号意义同前。

二、支、毛管的设计标准

滴灌系统往往由支管和毛管构成具有独立稳流(或稳压)装置控制的灌溉单元,即灌溉小区。灌水小区是构成管网及系统运行的基本单元,灌水小区内压力与流量偏差值要满足《规范》的规定,灌水器流量的平均值,应等于灌水器设计流量。灌水小区的流量或水头偏差率应满足式(8-24)或式(8-25)。

$$q_v \leqslant [q_v] \qquad (8-24)$$

或
$$h_v \leqslant [h_v] \qquad (8-25)$$

式中:q_v 为灌水小区内灌水器流量偏差率(%);$[q_v]$ 为灌水小区内灌水器设计允许流量偏差率(%),不应大于 20%;h_v 为灌水小区内灌水器工作水头偏差率(%);$[h_v]$ 为灌水小区内灌水器设计允许工作水头偏差率(%)。

灌水小区内灌水器流量和水头偏差率按式(8-26)和式(8-27)计算。灌水器工作水头偏差率与流量偏差率之间的关系可由式(8-28)表达。

$$q_v = \frac{q_{max} - q_{min}}{q_d} \times 100\% \qquad (8-26)$$

$$h_v = \frac{h_{max} - h_{min}}{h_d} \times 100\% \qquad (8-27)$$

$$h_v = \frac{q_v}{x}\left(1 + 0.15\frac{1-x}{x}q_v\right) \qquad (8-28)$$

式中：q_{max} 为灌水器最大流量(L/h)；q_{min} 为灌水器最小流量(L/h)；h_{max} 为灌水器最大工作水头(m)；h_{min} 为灌水器最小工作水头(m)；h_d 为灌水器设计工作水头(m)；x 为灌水器流态指数，其余符号意义同前。

▶ 三、毛管设计

根据滴灌系统采用的灌水器类型的不同，毛管设计主要有两种方式：一种是采用非补偿式灌水器，但限制毛管铺设长度，使压力变化不超出允许的范围，以便达到设计灌水均匀度；另一种采用补偿式灌水器补偿压力的变化，毛管铺设长度由灌水器的工作压力范围、地形等条件进行方案比较后综合分析确定。前一种设计方式应用较为普遍，故进行重点介绍。

1．采用非压力补偿式灌水器时毛管设计

(1)毛管极限孔数 N_m 计算

①毛管铺设方向为平坡　依据式(8-29)计算：

$$N_m = INT\left[\frac{5.446\beta_2 h_v h_d^{1-1.75x} d^{4.75}}{k S_e k_d^{1.75}}\right]^{0.346} \tag{8-29}$$

式中：N_m 为毛管的极限分流孔数；INT[ ]为将括号内实数舍去小数成整数；k 为水头损失扩大系数；β_2 为允许水头偏差分配给毛管的比例，应通过方案比较，择优选择；初步估算时，分配给毛管的水头差可为允许水头差的 50%，即 $\beta_2 = 50\%$；当滴灌系统毛管入口处装有压力流量调节器时，将灌水小区允许压力差全部分配给毛管，即 $\beta_2 = 100\%$；k_d 为灌水器流量压力关系式 $q = k_d h^x$ 中的流量系数，其余符号意义同前。

②毛管铺设方向为均匀坡　均匀坡时，按下列步骤计算：

降比 r 为沿毛管的地形降与毛管最下游段水力比降的比值，由式(8-30)计算。

$$r = \frac{Jd^{4.75}}{kfq_d^{1.75}} \tag{8-30}$$

压比 G 为毛管最下游管段总水头损失与孔口设计水头损失的比值，由式(8-31)计算。

$$G = \frac{kfSq_d^{1.75}}{h_d d^{4.75}} \tag{8-31}$$

计算极限孔数

a.当降比 $r \leqslant 1$ 时，按式(8-32)试算。

$$\frac{[\Delta h_2]}{Gh_d} = \frac{(N_m - 0.52)^{2.75}}{2.75} - r(N_m - 1) \tag{8-32}$$

b.降比 $r > 1$，按下述方法确定极限孔数：

Ⅰ.按式(8-33)计算 P_n'

$$P_n' = INT(1 + r^{0.571}) \tag{8-33}$$

Ⅱ.按式(8-34)计算 Φ

$$\Phi = \frac{[\Delta h_2]}{Gh_d} \frac{1}{r(P_n' - 1) - \frac{(P_n' - 0.52)^{2.75}}{2.75}} \tag{8-34}$$

Ⅲ.根据 Φ 值,试算 N_m

当 $\Phi \geqslant 1$ 时:

$$\frac{[\Delta h_2]}{Gh_d} = \frac{1}{2.75}(N_m - 0.52)^{2.75} - \frac{1}{2.75}(P'_n - 0.52)^{2.75} - r(N_m - P'_n) \tag{8-35}$$

当 $\Phi < 1$ 时:

$$\frac{[\Delta h_2]}{Gh_d} = r(N_m - 1) - \frac{(N_m - 0.52)^{2.75}}{2.75} \tag{8-36}$$

(2)毛管极限长度 L_m 按式(8-37)计算毛管极限长度:

$$L_m = S(N_m - 1) + S_0 \tag{8-37}$$

(3)毛管实际长度及水头损失   在进行田间管网布置时,许多情况下毛管不能按极限长度布设,而按照田块的尺寸并结合支管的布置进行适当的调整。但实际长度必须小于极限长度。然后根据毛管的实际铺设长度,并依据式(8-35)至式(8-36)计算毛管的水头损失。

2.采用压力补偿式灌水器时毛管设计

由于压力补偿式灌水器必须在一定压力范围内才能正常工作,因此采用压力补偿式灌水器时毛管设计主要是保证其所要求的工作压力问题。在毛管设计时,结合地形、灌水器工作压力范围、毛管进口压力及轮灌组划分等因素,列出可能的不同直径毛管铺设长度设计方案,找出毛管上最小压力和最大压力值点,校核是否超出该补偿式灌水器的工作压力范围,如未超出即满足要求,并进行经济比较,选出最优方案即为设计方案。

▶ 四、支管设计

支管也是灌水小区的主要构成部分,支管设计的任务是:计算支管的水头损失、沿支管的水头分布,确定支管管径。支管的水流条件与毛管完全相似,都是流量沿程均匀递减至零的管路,因此前述毛管的设计思想和设计方法,完全适用于支管。但支管设计是在灌水小区设计基础上进行的,基本上都是在支管长度确定情况下,计算所需的支管管径。

由于灌水小区内调压装置安装位置不同支管的允许压力差不同,因此,支管设计应按以下两种情况分别考虑:

①采用非压力补偿式滴头且毛管入口处不安装稳流调压装置时,根据灌水小区设计分配给支管的允许压力差进行支管设计。绝大多数滴灌系统属此种类型。

②毛管入口处安装稳流调压装置时,此时支管设计只要保证每一毛管入口处的支管压力在流调器的工作范围且不小于大气出流情况下流调器的工作范围下限加毛管进口要求的水头即可。

1.受灌水小区设计分配给支管允许压力差限制时的支管设计

(1)支管管径确定及水头损失计算   灌水小区总水头偏差可由式(8-38)计算求得,支管允许水头损失按式(8-39)计算。当支管长度给定、灌水小区分配给支管的允许的压力差确定的情况下,支管管径按式(8-40)计算确定。

$$[\Delta h] = [h_v]h_d \tag{8-38}$$

$$[\Delta h_z] = [\Delta h] - h'_{fm} \tag{8-39}$$

$$d_z = \left(\frac{1.47 k v^{0.25} Q_z^{1.75}}{[\Delta h_z]} L_z \cdot F\right)^{\frac{1}{4.75}} \tag{8-40}$$

式中：$[\Delta h]$ 为灌水器允许的水头偏差（m）；$[\Delta h_z]$ 为支管允许水头损失（m）；d_z 为所需支管内径（mm）；Q_z 为支管进口流量（L/h）；L_z 为支管长度（m）；其余符号意义同前。支管管径确定后，根据式(8-38)至式(8-39)计算水头损失。

（2）支管进口设计工作水头计算　支管进口设计工作水头计算可采用平均水头法或经验系数法，经验系数法计算误差相对较小，故推荐采用经验系数法。

均匀坡等间距多出水口管灌水器最大、最小流量与设计流量之间关系可表达为式(8-41)和式(6-69)。

$$q_{max} = (1 + 0.65 q_v) q_d \tag{8-41}$$

$$q_{min} = (1 - 0.35 q_v) q_d \tag{8-42}$$

并由此导出：

$$h_{max} = (1 + 0.65 q_v)^{1/x} q_d \tag{8-43}$$

$$h_{min} = (1 - 0.35 q_v)^{1/x} q_d \tag{8-44}$$

$$q_v = \frac{\sqrt{1 + 0.6(1-x)h_v} - 1}{0.3} \cdot \frac{x}{(1-x)}, \qquad x \neq 1 \tag{8-45}$$

式中符号意义同前。

上述公式中的 0.65 和 0.35 便是经验系数。对于管坡为 $-0.05 \sim 0.05$ 范围内的均匀坡，它们有足够的实用精度。

灌水小区支、毛管布置如图 8-3 所示，0 为小区进口，毛管顺支管流向编号($1, 2, \cdots, n$)示于右侧。灌水器顺流向编号为 $1, 2, \cdots, N$；$J_支$ 与 $J_毛$ 分别表示沿支管、毛管的地形坡度。

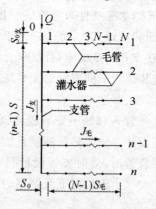

图 8-3　灌水小区支、毛管布置图

众所周知，灌水小区流量偏差率是由支管和毛管上的水头偏差形成的，因此，可将小区流量偏差率分成支管流量偏差率 q_{vz} 和毛管流量偏差率 q_{vm}，即 $q_v = q_{vz} + q_{vm}$。此时支管上必定有流量最大和最小的出水口号（即毛管编号），按流量偏差率的定义，则有：

$$q_{vz} = \frac{Nq_{amax} - Nq_{amin}}{Nq_d} = \frac{q_{amax} - q_{amin}}{q_d} \tag{8-46}$$

式中：q_{amax} 为流量最大毛管的滴头平均流量（L/h）；q_{amin} 为流量最小毛管的滴头平均流量（L/h）；其余符号意义同前。

由式(8-46)可知，支管的流量偏差率即为灌水小区各毛管滴头平均流量的偏差率。毛管的流量偏差率 q_{vm} 仍由灌水器平均流量等于小区灌水器设计流量的毛管（平均流量毛管）的流量偏差率来表达，即该毛管上灌水器最大与最小流量之差除以该小区灌水器设计流量（即该毛管的灌水器平均流量）。

设想将各条毛管上平均流量的灌水器连成一条虚拟的多出水口出流管，其各出水口出流量分别为相应毛管的灌水器平均流量，出水口间距为毛管间距，暂称为平均流量支管，并把实际支管的水头偏差近似地作为其水头偏差。由此可以得出：灌水小区的流量偏差率可由平均流量支管与平均流量毛管的流量偏差率之和来表达。

对于虚拟的平均流量支管，由式(8-43)和式(8-46)，可得灌水小区内流量最大毛管的滴头平均流量：

$$q_{amax} = (1 + 0.65q_{vz})q_d \tag{8-47}$$

小区内最大流量滴头必定位于流量最大毛管上，根据式(8-47)和式(8-48)，其流量值为：

$$q_{max} = (1 + 0.65q_{vm})q_{amax} = (1 + 0.65q_{vm})(1 + 0.65q_{vz})q_d \tag{8-48}$$

式中：q_{vz} 为支、毛管布置后，实际采用支管的流量偏差率；q_{vm} 为支、毛管布置后，实际采用毛管的流量偏差率，其余符号意义同前。

根据式(8-48)，流量最大灌水器的工作水头 h_{max} 可由下式求出：

$$h_{max} = (1 + 0.65q_{vm})^{1/x}(1 + 0.65q_{vz})^{1/x}h_d \tag{8-49}$$

式(8-48)为按经验系数法推求的灌水小区灌水器最大流量与灌水器设计流量的关系；式(8-49)为灌水小区灌水器最大工作水头与设计工作水头的关系。

求得灌水器最大工作水头之后，再根据判定的工作水头最大的灌水器位置，即可求出支管进口的水头。因为均匀坡支管和毛管的工作水头最大处不是第一个出水口就是最后一个出水口，因此，工作水头最大的滴头位置只有 1 号毛管 1 号灌水器、1 号毛管 N 号灌水器、n 号毛管 1 号灌水器和 n 号毛管 N 号灌水器 4 种可能。

如该灌水器为 1 号毛管上的第 1 号灌水器，则有：

$$h_0 = h_{max} + \frac{k_1 f S_0 (Nq_{amax})^{1.75}}{d^{4.75}} - J_m S_0 + \frac{k_2 f S_{0z}(nNq_d)^{1.75}}{D^{4.75}} - J_z S_{0z} \tag{8-50}$$

如该灌水器为 1 号毛管上的第 N 号灌水器，则有：

$$h_0 = h_{max} + \frac{k_1 f q_{amax}^{1.75} S}{d^{4.75}}\left[\frac{(N-0.52)^{2.75}}{2.75} + N^{1.75}\frac{S_0}{S}\right]$$
$$- SJ_m\left(N - 1 + \frac{S_0}{S}\right) + \frac{k_2 f S_{0z}(nNq_a)^{1.75}}{D^{1.75}} - J_z S_{0z} \tag{8-51}$$

如该灌水器为 n 号毛管上的第 1 号灌水器，则有：

$$h_0 = h_{max} + \frac{k_1 f S_0 (N q_{amax})^{1.75}}{d^{4.75}} - J_m S_0$$

$$+ \frac{k_2 f (N q_a)^{1.75} S_z}{D^{4.75}} \left[\frac{(n-0.52)^{2.75}}{2.75} + n^{1.75} \frac{S_{0z}}{S_z} \right] - S_z J_z \left(n - 1 + \frac{S_{0z}}{S_z} \right) \qquad (8-52)$$

如该灌水器为 n 号毛管上的第 N 号灌水器,则有:

$$h_0 = h_{max} + \frac{k_1 f q_{amax}^{1.75} S}{d^{4.75}} \left[\frac{(N-0.52)^{2.75}}{2.75} + N^{1.75} \frac{S_0}{S} \right] - S J_m \left(N - 1 + \frac{S_0}{S} \right)$$

$$+ \frac{k_2 f (N q_a)^{1.75} S_z}{D^{4.75}} \left[\frac{(n-0.52)^{2.75}}{2.75} + n^{1.75} \frac{S_{0Z}}{S_z} \right] - S_z J_z \left(n - 1 + \frac{S_{0Z}}{S_z} \right) \qquad (8-53)$$

式中: h_0 为使灌水小区灌水器平均流量等于灌水器设计流量应赋予支管进口的水头(m); h_{max} 为灌水小区灌水器的最大工作水头,此时该灌水器的流量为 q_{max}(m); k_1、k_2 分别为毛管和支管的局部水头损失扩大系数; f 为沿程摩阻系数; S_{0z}、S_0 分别为支管进口段和毛管进口段长短(m); J_m、J_z 分别为沿毛管和支管的地形坡度,顺流下坡为正; N、n 分别为每根毛管上的灌水器个数和支管上的出水口个数(当毛管单侧布置时为毛管根数); d、D 分别为毛管内径和支管内径(mm);其他符号意义同前。

2. 不受灌水小区设计分配给支管允许压力差限制时的支管设计

当毛管进口安装调压装置或流态指数为零的流调器时,调压装置或流调器上游各级管道的水头损失将不再影响系统的流量偏差,灌水小区允许水头差将全部分配给毛管,此时支管设计只要保证每一毛管入口处的支管压力在流调器的工作范围且不小于大气出流情况下流调器的工作范围下限加毛管进口要求的水头即可。为了保证系统每一毛管入口处的支管压力处于流调器工作范围,需要求出支管最小、最大压力孔号,并将下限水头置于最小压力孔号来推求支管最大压力孔号的工作水头与支管进口水头。同一轮灌组所有支管最大压力孔号的工作水头,不得大于流调器工作水头上限。

第三节　干管设计

干管是将灌溉水输送并分配给支管的管道,其作用是输送设计流量,并满足下一级管道工作压力需求。干管的设计基础是滴灌系统的地形条件、工作压力、毛管和支管的田间布置以及干管各管段的设计流量。干管的管径一般较大,灌溉地块较大时,还可分为总干管和各级分干管。对于一个滴灌系统来说,可以有若干个符合水力学要求的干管管径、管材和布置方案,并有相应的造价,干管设计的主要任务是设计并对比这些方案,进行优选。

◆ 一、干管设计原则

干管设计应遵循以下原则:

(1)滴灌系统干管一般都选用塑料管材,采用何种塑料管材综合确定。

(2)对于加压滴灌系统而言,必须因地制宜地根据当地所采用的能源价格和滴灌系统管网的造价进行具体分析计算确定,在满足下一级管道流量和压力的前提下按年费用最小原则进行设计。特别是在滴灌系统年工作时间长的干旱地区和能源费用较高的地区,在设计思想上应树立低能耗原则,在可能的情况下尽量降低设计工作水头。

（3）对于自压滴灌系统而言,在运行安全和管理方便的前提下,应尽可能地利用自然水头实现灌溉。

（4）干管沿程所有分水口的水头,应等于或高于各支管进口的水头,不大于所选用管材的公称压力。

（5）管道流速应不小于不淤流速(一般取 0.5 m/s),不大于最大允许流速(通常限制在2.5～3.0 m/s)。

（6）管径必须是生产的管径规格。

▶ 二、干管设计方法

干管布置依据地形条件、工作压力、毛管和支管的田间布置等条件,结合干管布置原则进行。管材应考虑系统设计工作压力、安装以及管件的配套情况、市场价格和运输距离等因素选用。管径确定是干管设计的主要内容,应以系统运行费与投资费用之和最小来判定,并根据承受压力确定各管段的管径。用常规的设计方法很难走做到这一点。目前设计中常用两种方法,一种是通过方案比较选择;另一种是通过计算机寻优,在布置形式或运行方案已定的条件下进行优化设计。对于一般的干管,可以采用经验公式法、经济流速法或能坡线法求出初选管径,然后根据压力要求、分流条件和布置情况进行调整、对比后确定管径。

1.经验公式法

对于规模不大的滴灌系统,可采用式(8-54)或式(8-55)估算干管的管径。

当 $Q < 120\,000$ L/h 时,

$$d = 13\sqrt{\frac{Q_g}{1\,000}} \qquad (8\text{-}54)$$

当 $Q \geqslant 120\,000$ L/h 时,

$$d = 11.5\sqrt{\frac{Q_g}{1\,000}} \qquad (8\text{-}55)$$

式中符号意义同前。

2.经济管径法

当动力为电力机且采用硬聚氯乙烯(PVC-U)管时,经济管径的内径计算依据式(8-56):

$$d' = 10(t_n x_n)^{0.15}\left(\frac{Q_g}{1\,000}\right)^{0.43} \qquad (8\text{-}56)$$

由于管材价格的变化,需用式(8-57)将管径修正:

$$d = (3\,900/Y')^{0.15}d' \qquad (8\text{-}57)$$

式中:t_n 为年运行时间(h),作物不同,灌溉制度不同,系统年运行时间不同,取值不同;x_n 为电费[元/(kW·h)];Y' 为 PVC-U 管现行价格(元/t),其余符号意义同前。

3. 能坡线法

当干管纵剖面线、流量、进口压力和所需的工作压力（即允许损失的水头）已知时，如自压滴灌系统，将勃拉休斯公式变换后，采用式(8-58)和式(8-59)计算管径。

$$i = \frac{\Delta H}{\Delta L} \tag{8-58}$$

$$d = \left(\frac{1.47 v^{0.25} Q^{1.75}}{i} \right)^{\frac{1}{4.75}} \tag{8-59}$$

式中：i 为能量坡度；ΔH 为管段允许的水头损失(m)；ΔL 为管段长度(m)；其余符合意义同前。

第九章 首部枢纽设计

首部枢纽对滴灌系统运行的可靠性和经济性起着重要作用。首部枢纽的设计就是根据系统设计工作水头和流量、水质条件等因素,正确选择和合理配置有关设备和设施,以保证滴灌系统实现设计目标。

一、滴灌系统设计水头

滴灌系统设计水头,应在最不利灌溉条件下按式(9-1)计算。

$$H = Z_p - Z_b + h_0 + \sum h_f + \sum h_j \tag{9-1}$$

式中:H 为系统设计水头(m);Z_p 为典型灌水小区管网进口的高程(m);Z_b 为系统水源的设计水位(m);$\sum h_f$ 为系统进口至典型灌水小区进口的管道沿程水头损失(含首部枢纽沿程水头损失)(m);$\sum h_j$ 为系统进口至典型灌水小区进口的管道局部水头损失(含首部枢纽局部水头损失)(m);其余符号意义同前。

二、水泵

1.水泵选型原则

水泵选型应遵循以下几个原则:

(1)在设计扬程下,流量满足滴灌系统设计流量要求。

(2)在长期运行过程中,水泵工作的平均效率要高,而且经常在最高效率点的右侧运行为最好。

(3)便于运行和管理。

(4)选用系列化、标准化以及更新换代产品。

2.水泵选型

选水泵时应考虑每个轮灌组的情况,但这样会使设计非常复杂,所以设计时可按滴灌系统设计水头计算水泵设计扬程,然后校核水泵在各个轮灌组工作时的工况点。

采用离心泵时:

$$H_泵 = h_泵 + \Delta Z + f_进 \tag{9-2}$$

采用潜水泵时:

$$H_泵 = h_泵 + h_1 + h_2 \tag{9-3}$$

式中：$H_{泵}$ 为系统总扬程（m）；$h_{泵}$ 为水泵出口所需最大压力水头（m）；ΔZ 为水泵出口轴心高程与水源水位平均高程之差（m）；$f_{进}$ 为进水管水头损失（m）；h_1 为井下管路水头损失（m）；h_2 为井的动水位到井口的高程差（m）；其余符号意义同前。

根据滴灌系统设计流量和系统总扬程，查阅水泵生产厂家的水泵技术参数表，选出合适的水泵及配套动力。一般水源设计水位或最低水位与水泵安装高度（泵轴）间的高度差超过8.0 m以上时，宜选用潜水泵。反之，则可选择离心泵。当选择水泵配套动力机时，应保证水泵和动力机的功率相等或动力机的功率稍大于水泵的功率。

3. 水泵工况点的确定与校核

水泵铭牌上的流量与扬程是水泵的额定流量和扬程。在不同的管路条件下，系统需要水泵提供的流量和扬程是不同的，即工况点不同。比如某滴灌系统配备流量为 200 m³/h、扬程为 28 m 的水泵时，在系统工作时，不同的轮灌组要求水泵提供的流量和扬程均不同。因此，水泵工况点需用水泵的流量—扬程（Q—H）曲线与滴灌系统不同轮灌组时需要扬程曲线来共同确定。

一般来说，在无调压设施与变频装置条件下，不同轮灌组水泵的工况点不同。水泵的 Q—$H_{水泵}$ 曲线由水泵制造厂家提供，系统的需要扬程曲线，即 Q—$H_{需}$ 曲线是在滴灌管网系统与轮灌组确定的条件下求得的，一个轮灌组有一条曲线，如图 9-1 所示，n 个灌组有 n 条曲线，与水泵性能曲线 Q—$H_{水泵}$ 有 n 个交点，即 $1,2,\cdots,n$ 个工况点，均在高效区即可。

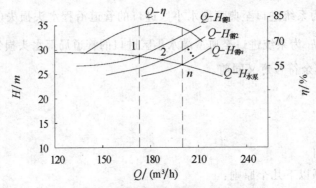

图 9-1　水泵工况点确定与校核图

Q—η 为水泵流量、效率曲线；

Q—$H_{水泵}$ 为水泵的性能曲线；

Q—$H_{需1}$、Q—$H_{需2}\cdots Q$—$H_{需n}$ 分别为第一轮灌组、

第二轮灌组$\cdots$第 n 轮灌组的需要扬程曲线。

4. 水泵安装高程的确定

水泵的安装高程是指满足水泵不发生汽蚀的水泵基准面（对卧式离心泵是指通过水泵轴线的水平面，对于立式离心泵是指通过第一级叶轮出口中心的水平面）高程，根据与泵工况点对应的水泵允许吸上高度和水源水位来确定。水泵的允许吸上真空高度可用必需汽蚀余量(NPSH)r 或允许吸上真空高度 H_{sa} 计算，水泵制造厂家提供的必需汽蚀余量(NPSH)r 是额定转速的值，需用工作转速修正；而允许吸上真空高度 H_{sa} 是在标准状况下，以清水在额定转速下试验得出的，须进行转速、气压和温度修正得到水泵允许吸上高度，然后参照式(9-4)计算水泵安装高程。

$$\nabla_{安} = H_{允许} + \nabla_{min} \tag{9-4}$$

式中：$\nabla_{安}$ 为水泵安装基准面高程（m）；∇_{min} 为水泵取水点最低工作水位高程（m）；$H_{允许}$ 为水泵允许吸水高度（m），可参考有关专业资料。

▶ 三、过滤器

选择过滤设备主要考虑水质和经济两个因素。筛网过滤器是最普遍使用的过滤器，但含有机污物较多的水源使用砂过滤器能得到更好的过滤效果，含沙量大的水源可采用旋流式水沙分离器，且必须与筛网过滤器配合使用。筛网的网孔尺寸或沙过滤器的滤沙应满足灌水器对水质过滤的要求。过滤器应根据水质状况和灌水器的流道尺寸进行选择。过滤器应能过滤掉大于灌水器流道尺寸 1/10～1/7 粒径的杂质，根据杂质浓度及粒径大小，按表 9-1选择过滤器类型及组合方式。过滤器设计水头损失根据过滤器流量—水头损失曲线及水质条件确定，组合式过滤器水头损失一般不超过 10 m。

表 9-1　过滤器选型

水质状况			过滤器类型及组合方式
无机物	含量	<10 mg/L	宜采用筛网过滤器（叠片过滤器）或砂过滤器＋筛网过滤器（叠片过滤器）
	粒径	<80 μm	
	含量	10～100 mg/L	宜采用旋流水砂分离器＋筛网过滤器（叠片过滤器）或旋流水砂分离器＋砂过滤器＋筛网过滤器（叠片过滤器）
	粒径	80～500 μm	
	含量	>100 mg/L	宜采用沉淀池＋筛网过滤器（叠片过滤器）或沉淀池＋砂过滤器＋筛网过滤器（叠片过滤器）
	粒径	>500μm	
有机物		<10 mg/L	宜采用砂过滤器＋筛网过滤器（叠片过滤器）
		>10 mg/L	宜采用拦污栅＋砂过滤器＋筛网过滤器（叠片过滤器）

具体选择方法、组合及沉淀池设计参照相关内容。

▶ 四、施肥设施

滴灌系统一般采用随水施肥（药），可溶性肥料（或可溶性药）通过施肥设施注入管道中，随灌溉水一起施给作物。常用的施肥装置中，施肥罐结构简单、造价低、适用范围广、无需外加动力，而被广泛应用。其安装位置一般在末级过滤器之前，施肥罐进水口与出水口和主管相连，在主管上位于进水口与出水口中间设置施肥阀或闸阀，调节阀门开启度使两边形成压差，一部分水流经施肥罐后进入主管，因此通常将施肥罐称为压差式施肥罐。

施肥罐一般按容积选型，其计算可按式（9-5）进行。

$$V = \frac{MA}{C_0} \tag{9-5}$$

式中：V 为施肥罐容积（L）；F 为单位面积上一次施肥量（kg/hm^2）；A 为一次施肥面积（hm^2）；C_0 为施肥罐中允许肥料溶液最大浓度（kg/L）。

五、量测、控制和保护设施及工作位置

量测设施主要指流量、压力测量仪表，用于管道中的流量及压力测量，一般有压力表、水表等。压力表是滴灌系统中不可缺少的量测仪表，特别是过滤器前后的压力表，反映着过滤器的堵塞程度及何时需要清洗过滤器。水表用来计量一段时间内管道的水流总量或灌溉水量，多用于首部枢纽中，也可用在支管进口处。滴灌系统中大多选用水平螺翼式水表，当系统设计流量较小时可用 LXS 旋翼式水表。选用水表时其额定流量大于或接近设计流量为宜，不能单纯以输水管管径大小来确定水表口径，否则易造成水表水头损失过大。

控制设施一般包括各种阀门，如闸阀、球阀、蝶阀、流量与压力调节装置等，其作用是控制和调节滴灌系统的流量和压力。

保护设施用来保证系统在规定压力范围内工作，消除管路中的气阻和真空等，一般有进（排）气阀、安全阀、逆止阀、泄水阀、空气阀等。进排气阀一般设置在滴灌系统管网的高处或局部高处，在首部枢纽应在过滤器顶部和下游管上各设一个。其作用为在系统开启充水时排除空气，系统关闭时向管网补气，以防止负压产生。系统运行时排除水中夹带的空气，以免形成气阻。进排气阀的选用，目前可按"四比一"法进行，即进排气阀全开直径不小于管道内径的 1/4。如 100 mm 内径的管道上应安装内径为 25 mm 的进排气阀。

另外在干、支管末端和管道最低位置宜安装排水阀，以便冲洗管道和排净管内积水。

第十章　附属建筑物设计

滴灌系统设计中,除了滴灌本身的技术设计外附属建筑物的设计也很重要。附属建筑物是滴灌系统重要的组成部分,它的规划设计直接关系到工程成败和系统功能的正常发挥。滴灌系统附属建筑物一般包括首部枢纽、闸门井、排水井、镇墩和输电线路等。

第一节　首部枢纽中的土建工程

滴灌首部枢纽中的土建工程包括:水泵与过滤设施的基础、泵房、配电间、管理房等。

一、土建部分的组成

1.水泵与过滤系统的基础

水泵与过滤设施的基础一般为混凝土结构,主要满足强度、刚度与尺寸要求,以承受荷载,不发生沉降和变形。

2.泵房

泵房是滴灌首部枢纽土建工程中的重要建筑物之一,用来布置滴灌工程首部枢纽中的机电设备(如水泵、动力机和控制表盘等),泵房结构应安全可靠、耐久;泵房基础具有足够的强度、刚度和耐久性;地基应具有足够的承载能力和抗震稳定性。泵房可以采用砖混结构,现在许多滴灌系统泵房为了降低成本也采用彩钢加芯苯板结构,具有造价低,安装简单的优点。

对于水源为井水的系统,修建泵房还要考虑方便潜水泵检修,泵房屋顶要预留吊装口。

3.配电间

配电间用来布置配电设备,常常紧挨着泵房修建,离机组较近,以节省投资。配电间的尺寸主要取决于配电设备的数量和尺寸,以及必要的安装、操作与检修的空间;其地面高程高出泵房地面高程 10～15 cm,以避免地面集水使电器设备受潮。

4.管理房

管理房为机电设备操作人员及滴灌系统运行管理人员提供值勤、办公和生活等场所,还可放置一些检修工具等。

二、土建工程布设的注意事项

合理布设首部枢纽,对节约工程投资,发挥滴灌工程经济效益,延长机电设备使用寿命,保证系统安全经济运行等有着重要的作用,在布设时注意以下几点:

(1)布置应尽量紧凑、合理、以节约工程投资。

(2)室内布置应力求整体有序,并留有通道,以便于操作运行及各种设备与设施的安装和检修。

(3)当过滤、施肥等设备布置在室内时,应布设专门的排水设施,以便将过滤器等设备的反冲洗污水排到室外,避免泵房内地面集水影响运行。

(4)应满足通风、采光、散热等要求。

首部枢纽主要设施平面布置图见图10-1至图10-4。

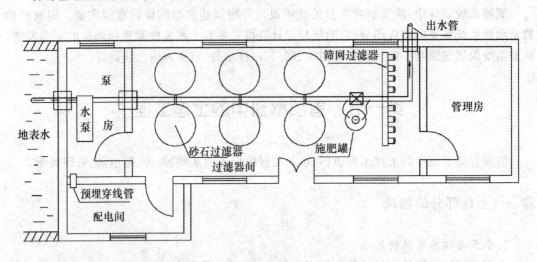

图 10-1　首部枢纽主要设施平面布置示意图(水源为地表水,过滤器置于室内)

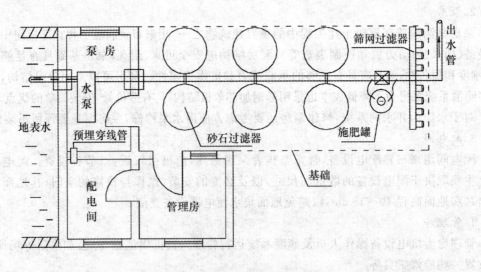

图 10-2　首部枢纽主要设施平面布置示意图(水源为地表水,过滤器置于室外)

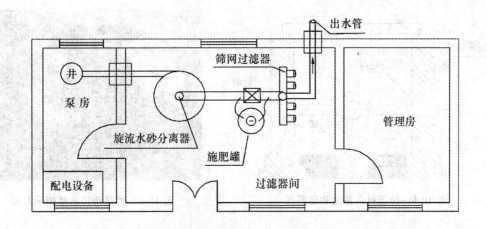

图 10-3　首部枢纽主要设施平面布置示意图（水源为井水，过滤器置于室内）

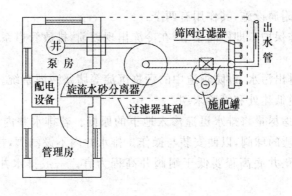

图 10-4　首部枢纽主要设施平面布置示意图（水源为井水，过滤器置于室外）

第二节　阀门井设计

阀门井是滴灌系统必需的附属设施，一般在地下管道的各种阀门，如闸阀、蝶阀、减压阀、进排气阀等安装处均需设置，用来启闭、保护及检修阀门。

闸阀井规划设计时其尺寸大小以便于人工操作为宜，一般井底直径为 1.2 m 左右，井口直径 0.7 m 以上，深度根据当地冻土层厚度来确定；阀门井结构一般是砖砌，如果阀门井较深，则井内要增设爬梯，井盖有钢筋混凝土结构也有铸铁结构。其结构如图 10-5 所示。

现在有许多厂家生产塑料阀门井，有一次注塑成型，也有分体组装，材质有 PE 材质、玻璃钢材质等，其特点是施工方便快捷，如图 10-6 所示。也有采用分体组装结构、井筒可现场切割、调整，适应各种安装深度要求，有效降低成本，大大加快施工进度，缩短工期，并可全天候施工，砖砌阀门井等与之无法相比，塑料阀门井具有重量轻，易于运输和安装，性能可靠，承载能力强；综合造价低，维护费用少，比传统检阀门井更具优势。因而应用越来越多。

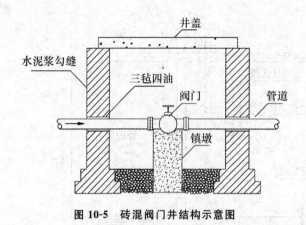

图 10-5　砖混阀门井结构示意图

图 10-6　塑料阀门井结构示意图

第三节　排水井设计

排水井也是管道附属设施,其作用有两个:

(1)寒冻地区防冻保护。即停灌季节,在冷冻出现以前,排放管道系统中的余水,达到防冻的目的。

(2)冲洗管道时排出污水,以防管道中的污物沉淀等堵塞滴灌系统。排水井应根据地形条件,一般设置在管道低洼处和管道末端。

排水井结构应考虑尽量将排水迅速渗入地下的原则。若排水井内设闸阀,排水阀一般采用 PVC 或 ABS 材质的球阀,以便安装与操作。排水井内不设闸阀,排水井前面配合阀门井,将排水井埋于地下、井底高程要低于闸阀井高程为宜。一般排水井设计尺寸如图 10-7 所示。

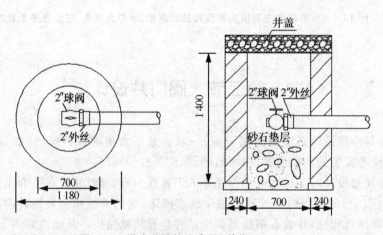

图 10-7　排水井结构示意图(单位:mm)

第四节 镇墩设计

镇墩的作用在于稳定管道,将管道牢固地固定在所在位置上以保证管网的安全正常运行。镇墩在管道系统中必不可少的附属建筑物,尤其是地形复杂、管道级别多的管道系统。

一、镇墩的结构形式

镇墩、支墩是指用混凝土、浆砌石等砌体材料定位管道,以承受管道中由于水流方向改变、管道或土体自重和温度变形等原因引起的推、拉力。镇墩可分封闭式和开敞式两种。封闭式结构简单,对管道固定和受力较好,应用较普遍;开敞式易于检修,但镇墩处管壁受力不均匀,用于管道对镇墩作用力不大的情况。

二、镇墩设置位置

镇墩应该设置在坚实的地基上,用混凝土构筑,管道与沟壁之间应用混泥土填充到管道外径的高度,应有规定的支撑面积。镇墩设置要考虑传递力的大小和方向,并使之安全地传递给地基。一般在管道分岔、拐弯、变径、末端、阀门位置和直管处,管道每隔一定距离应设置镇墩,见图10-8,必要时加设支墩。对于落差较大的坡地、山地滴灌系统,镇墩设置数量相对于平地要密集。

三、镇墩设计技术要求

镇墩设计内容包括:镇墩自身的强度、校核镇墩抗滑和抗倾稳定性、验算地基强度及稳定性等,陡坡管道还要考虑管道自重、管内水重的分力,由稳定性计算确定镇墩的大小和尺寸。镇墩应该设置在坚实的地基上,用混凝土构筑,管道与沟壁之间应用混凝土填充到管道外经的高度,应有规定的支撑面积。

封闭式镇墩必须将管道包于其中,厚度不小于 20 cm,如图10-9所示。

另外,根据情况镇墩可以设计为半封闭式,现浇时根据高程控制在管底现浇的同时预埋螺杆,等管道安装后用压条固定;一般管材埋于镇墩内一半即可。这种设计比较科学但施工比较复杂。

镇墩混凝土标号不小于 C20,现场浇筑,48 h 后才能进行部分回填。

如果安装管道较长、地形坡降较大或地形比较复杂要加设支墩。镇墩、支墩的体积和结构通过计算确定。要注意的是不能将镇墩、支墩和管道一起浇筑,镇墩、支墩浇筑时先留预埋件,等管道安装后再把预埋件配件固定。

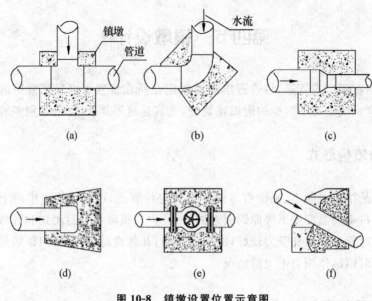

图 10-8　镇墩设置位置示意图

(a)管道分叉　　(b)管道拐弯　　(c)管道变径
(d)管道末端　　(e)阀门位置　　(f)陡坡管段

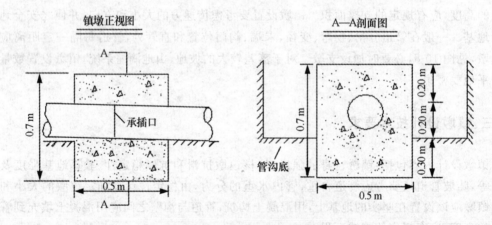

图 10-9　封闭式镇墩示意图

第五节　输电线路和变压器的设计

　　以地下水为水源的滴灌系统中,一般情况下老灌区,机井都有输电线路和变压器等设备,但是滴灌系统安装后往往需要根据系统设备进行动力平衡计算,包括输电线路、变压器等。注意的是如果原有输电线路,应复核截面积、长度等,变压器根据设备进行功率计算,整合现有设备进行资源优化配置。如果是新开发的土地和新打机井,那么要先计算首部用电设备所需功率,然后根据输电线路有关技术规程进行规划设计。

　　如果变压器容量选择过大,那么就会形成"大马拉小车"的现象,这样不仅仅是增加了设备投资,而且还会使变压器长期处于一个空载的状态,使无功损失增加;如果变压器容量选择过小,将会使变压器长期处与过负荷状态,易烧毁变压器,不管是自耦变压器还是三相变压器,都是一样的。

对于仅向滴灌系统动力负载供电的专用变压器,一般可按异步电动机铭牌功率的1.2倍选用变压器的容量,一般电动机的启动电流是额定电流的4~7倍,变压器应能承受住这种冲击,直接启动的电动机中最大的一台的容量,一般不应超过变压器容量的30%左右。应当指出的是,滴灌系统专用变压器一般不应接入其他负荷,以便滴灌系统在非运行灌期及时停运,减少电能损失。

变压器一般尽可能设置在首部水泵用电设备附近,对于滴灌系统分布较多的区域,要坚持"小容量,密布点"的原则,配电变压器应尽量位于负荷中心,供电半径不超过0.5 km,以减少输送过程的电能损耗。

第十一章 滴灌自动控制系统

第一节 自动化控制灌溉系统简介

自动化控制灌溉是通过对土壤、作物、气象等各类因素的信息采集、分析后,由操作系统发送相关信息指令,对田间各类控制阀门进行启闭,实现自动滴灌。作为现代化农业发展的趋势,在现状农业灌溉已大面积实施节水工程的前提下,进一步推广自动化控制灌溉在节水工程中的使用,对促进干旱地区和半干旱地区农业经济发展具有极大的意义。

一、自动化控制灌溉系统的工作原理

所谓的自动化控制灌溉即利用田间布设的相关设备采集或监测气象、土壤和作物生长等信息,并将监测数据传到首部控制中心,在相应系统软件分析决策下,对终端发出相应灌溉管理指令。

自动化控制系统的工作原理为:通过土壤、气象、作物等各类传感器及监测设备将土壤、作物、气象状况等监测数据通过墒情信息采集站,传到计算机中央控制系统,中央控制系统中的各类软件将汇集的数值进行分析,比如将含水量与灌溉饱和点和补偿点比较后确定是否应该灌溉或停止灌水,然后将开启或关闭阀门的信号通过中央控制系统传输到阀门控制系统,再由阀门控制系统实施某轮灌区的阀门开启或关闭,以此来实现农业的自动化控制。

与国际水平相比,我国的农业传感器生产水平相对落后,而土壤水分传感器生产水平已达到了国际同类水平。

二、自动化控制系统设备的组成

自动化控制系统的设备主要有中央控制器、田间工作站、RTU(远程网络终端单位)或解码器(阀门控制器)、电磁阀及田间信息采集或监测设备5个部分组成。

1. 中央控制器

中央控制器(主站):主要有微机等设备及控制系统软件组成。

微机设备与目前办公设备类似,由电源控制箱、主控计算机、中央控制器和激光打印机等设备组成。

控制系统软件是安装于微机设备上的,其内容有信息采集与处理模块、信息数据显示模块、信息记录与报警模块、阀门状态监控模块和首部控制模块等组成。

现有自动化监测、控制系统除了具有预测预报等功能外,还在计算机上实现如下功能:过程监视、数据收集、数据处理、数据存储、报警、数据显示、数据管理和过程控制等。并实现实时过程智能决策,达到完全自动控制。

2. 田间工作站(中继站)

田间工作站的设计根据地形及设备信号接收的限制来确定布设位置及个数。

在实际操作中若地形平坦,无遮挡物,信号传输效果好。则相应一个田间工作站可控制面积较大,反之,则田间工作站布设较多。

田间工作站是中央控制器与 RTU 或解码器及田间信息采集监测设备的中转站。采集的信息需要通过中间站输送到中央控制器,而中央控制器发送的指令则需通过田间工作站传达到各个 RTU 或解码器。

3. RTU(远程网络终端单位)或解码器(阀门控制器)

RTU(远程网络终端单位)或解码器(阀门控制器)是接收由田间工作站传来的指令并实施指令的终端设备。

解码器(阀门控制器)直接与管网布置的电磁阀相连接,接收到田间工作站的指令后对电磁阀的开闭进行控制,同时也能够采集田间信息,并上传信息至田间工作站。一个阀门控制器可控制多个电磁阀。

4. 电磁阀

电磁阀是控制田间灌溉的阀门。电磁阀由田间节水灌溉设计轮灌组的划分来确定安装位置及个数。

5. 田间信息采集及监测设备

田间信息采集及监测设备是自动化控制系统的最根本。

田间信息采集主要依赖于传感设备。传感设备就是能够感受规定的被测量物并按照一定规律转换成可能输出信号的器件或装置。自动化灌溉可能涉及的传感器主要分为:土壤类、作物类、气象类及系统类传感器。主要测量土壤水分、养分、温度、作物水分、养分、长势、气象类的光照、蒸发、风速、雨量及系统类的水压、阀门状态、流量、水质等数据资料。经由墒情信息采集站将信息传输至中央控制器,通过中央控制器安装的各类自动化监测软件系统对采集的数据分析,再以数值和曲线形式显示历史与实时的参数值和变化曲线,并进行信息实时报警与记录。见图 11-1。

▶ 三、自动化控制系统子系统的配置

自动化控制系统可根据用户不同层次的实际需求,可配置灌溉自动控制子系统、农田墒情监测子系统、作物生长图像采集子系统、水肥智能决策子系统、作物网络化管理平台等多个子系统,能为用户提供多种管理选择方式。依据工程基础条件、管理水平、项目投资等因素来确定项目子系统类型的配置及灌溉方式的选择。

▶ 四、自动化控制灌溉方式

由于实际情况中存在墒情采集及分析水平不足的因素,在现状自动化控制中主要还是

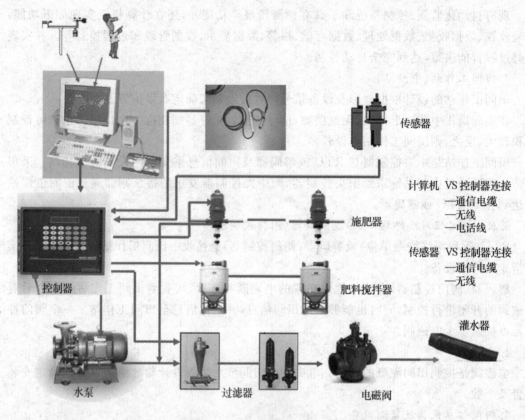

传感器

计算机 VS 控制器连接
　—通信电缆
　—无线
　—电话线

传感器 VS 控制器连接
　—通信电缆
　—无线

施肥器

肥料搅拌器

灌水器

控制器

水泵

过滤器

电磁阀

图 11-1　典型全自动化控制灌溉系统(图片来自灌溉网)

依据滴灌工程设计中规定的灌水定额、灌溉时间及作物的需肥等数据来作为自动化控制发出命令的依据。

根据滴灌设计可进行阀门编组轮灌,可供选择的轮灌方式有:①灌水时间设定轮灌:根据设定时间编组轮灌;②灌溉量设定轮灌:根据墒情及土壤的监测结果,按照预设灌溉制度进行轮灌并施加肥料;③随机设定轮灌:根据实际需要进行任意阀门编组轮灌,包括补灌。

第二节　滴灌自动控制的组成

在常规滴灌使用的基础上,在水泵、过滤装置、施肥装置、灌水管网、数据采集等组成部分的自动控制,统称为滴灌自动控制技术(图 11-2),随着科学技术的不断发展,使用者经验和技术的积累,滴灌完全自动控制的实现会水到渠成。

自动化控制采用电子技术对田间土壤温湿度、空气温湿度等技术参数进行采集,输入计算机,按最优方案,控制各个阀门的开启及水泵的运行状态,科学有效地控制灌水时间、灌水量、灌水均匀度,为作物提供一个良好的地、水、肥、气、热条件,促使其高产、稳产。同时进行控制软件及优化灌溉制度的研究,最终形成灌溉专家决策系统。另外,通过变频器控制改变电机转速,调节管道压力,为管道、滴灌等其他灌溉工程的自动化提供依据。具体包括以

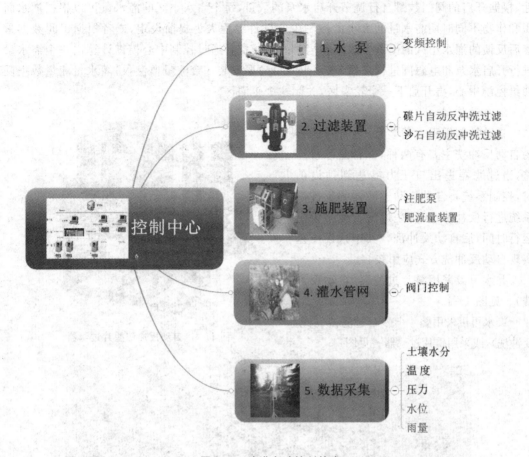

1. 水 泵 —— 变频控制

2. 过滤装置 —— 碟片自动反冲洗过滤
沙石自动反冲洗过滤

3. 施肥装置 —— 注肥泵
肥流量装置

4. 灌水管网 —— 阀门控制

5. 数据采集 —— 土壤水分
温度
压力
水位
雨量

控制中心

图 11-2　滴灌自动控制技术

下几个方面：变频器控制水泵旋转来控制管道水的流量、压力；过滤装置的设计；施肥装置的设计；灌水管网的设计；田间数据的采集（灌水小区水流量，土壤含水量、空气温度、湿度、管道压力等参数）；控制中心的设计（主要是数据的收集汇总、控制软件的编制和指令的发送）。

1.变频器控制水泵

整个灌区内如果是单一种植作物时，可以考虑一台变频泵；如果是多种作物混种，但要保证一个灌水阀门控制的面积是单一作物，这时，设计时可以采取 1 台泵变频，带 2～3 台常规泵（图 11-3）；滴灌自动控制对水泵的要求是保证田间任何一处管网终端灌水器的压力保持恒定的，在设计时，存在管网开启的阀门数量，如果是多种作物混作，最少开启 1 个阀门，单一作物，最多开启阀门数量为泵总流量比每个阀门控制的灌区流量，还要考虑经济

图 11-3　一拖三的变频控制水泵装置

性,根据开启的阀门数量自行调节开启水泵的数量,每个灌水小区的灌水量可以根据灌水面积和作物不同时期需水量的大小由控制中心软件编程人为提前设定,或者根据田间数据采集后反馈的灌水小区的土壤含水率和当时的气候资料通过控制中心模糊计算出一个需水量进行开启水泵和电磁阀进行灌溉,水泵出水口还要安装一台流量监测仪,灌水量流量数据反馈给控制中心,再开启下一个轮灌区,关闭这个轮灌区。

2. 自动控制

自动控制用于过滤装置,进行过滤器的自动反冲洗主要有两种,一种是预设压差,当过滤器进出口压力差达到预设值时,控制系统将自动启动过滤器的反冲洗系统进行反冲洗;一种是过滤器通过设定运行时间,后自动反冲洗。其中预设压差实现自动反冲洗方式应用较多。

井水可以采用叠片过滤器(自动反冲洗)。见图11-4。

渠水可以采用叠片+砂石过滤器(自动反冲洗),或采用碟片过滤器。见图11-5。

图 11-4 自动反冲洗叠片过滤器

图 11-5 自动反冲洗叠片+砂石过滤器

3. 施肥自动控制装置

施肥自动装置是一个设计独特、操作简单的和模块化的自动灌溉施肥系统(图 11-6),它配以先进的 GL 计算机自动灌溉施肥可编程控制器和 EC/PH 监控装置,可编程控制器中先进的灌溉施肥自动控制软件平台为用户实现专家级的灌溉施肥控制提供了一个最佳的手段。自动施肥机能够按照用户在可编程控制器上设置的灌溉施肥程序和 EC/PH 控制,通过机器上的一套肥料泵直接、准确地把肥料养分注入灌溉水管中,连同灌溉水一起适时适量地施给作物,大大提高了水肥耦合效应和水肥利用效率。同时完美的自动灌溉施肥程序为作物及时、精确的水分和营养供应提供了保证。自动施肥机具有较广的灌溉流量和灌溉压力适应范围,能够充分满足温室、大棚等设施农业的灌溉施肥需要。

图 11-6　施肥自动控制装置

4．灌水管网

自动控制管网设计的依据是轮灌区面积大,电磁阀数量少,减少管网成本。因为管网投资的高低直接影响灌溉系统的总造价,而任何灌溉系统只要确定了合适的灌水器,在合理的设计条件下,将水送至灌水器的单位面积上的平均管网长度也就确定;因此希望从减少管网长度上追求降低管网投资已不可能,而唯一出路是追求减小各级管径从而降低管网投资;而在合理的流速下,管中的过流量越大,管径也越粗,为了减小管径,也只有减小管中的过流量,这就要求系统总流量进入管网后必须充分分流,使得各级管道中都有水体流动,因而决定了控制管网水流的工作阀,必然要位于控制范围内的不同方位的分干管上。同时,采用小流量滴灌带,如 1.0 L/h,或者 1.38 L/h 流量等,加大滴灌带单侧铺设长度;采用大管径支管,如,90 mm,110 mm PE 支管这样可以扩大单个阀门的控制面积,尽可能减少电磁阀的数量,降低自动控制的成本。见图 11-7 和图 11-8。

5．田间数据采集

(1)田间电磁阀开启反馈信息采集　一般情况下,在电磁阀出口设置有压力传感器,对电磁阀启闭状态进行信息采集和反馈。见图 11-9 和图 11-10。

(2)土壤含水率测量采集　土壤含水率由土壤墒情速测仪(图 11-11)将信息传输至中央控制器,通过中央控制器安装的各类自动化监测软件系统对采集的数据分析,再以数值和曲线形式显示历史与实的时参数值和变化曲线,并进行信息实时报警与记录。

(3)采集各种气象数据(来自当地气象中心的及时数据)　各种气象数据主要来自当地气象站,主要包括当地的温度、湿度、风速、风向、雨量,通过网络进行实时获得,然后通过中央控制器进行不同作物不同生长时期需水量计算对比,优化出一个适宜的灌水方案进行灌水。

6．控制中心

控制中心主要功能是:

(1)动态采集各种气象数据,计算并记录蒸发蒸腾量 ET。

(2)根据前一天的 ET 值自动编制当天灌溉程序并实施灌溉。

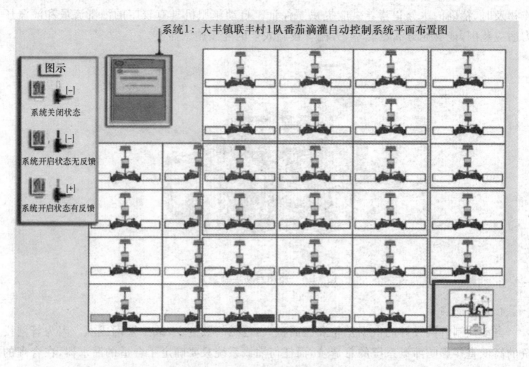

图 11-7　滴灌自动控制田间布置

图 11-8　滴灌自动控制田间应用

（3）可由连接的土壤湿度传感器、风速传感器、雨量传感器等干涉程序，启动、关闭、暂停灌溉系统。

图 11-9　田间 RTU、电磁阀和反馈传感器　　　图 11-10　电磁阀开启反馈信息采集

（4）连接流量传感器可自动监测、记录、警示由于输水管断裂引起的漏水及电磁阀故障；最大限度利用管网输水能力。

（5）运行程序而不起动灌溉系统（干运行），测试程序合理性，不合理时预先修改。

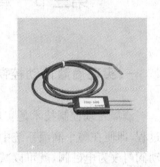

（6）自动记录、显示、储存各灌溉站的运行时间；自动记录、显示、储存传感器反馈数据，以积累资料，修改程序，修改系统等。

（7）频繁灌溉功能：可将设计好的灌水延续时间分成若干时段，以便提供足够的土壤入渗时间，减少坡地或黏性土地地面径流损失。

图 11-11　土壤墒情速测仪

（8）一套中央计算机系统可控制多个台田间控制系统（称为卫星站），一套中央计算机控制系统可控制小到一个灌溉单元，大到上百个系统，甚至全镇的所有灌溉系统。

（9）储存数百套灌溉程序；一台田间控制器（卫星站）可使 4 个轮灌区独立灌溉或同时灌溉。

（10）手动干涉灌溉系统：可在阀门上手动启、闭系统，在田间控制器上手动控制系统，或在计算机上手动启、闭任何一站，任何一个电磁阀。如：滴灌系统自动化中央计算机控制系统主要由中央计算机，滴灌首部集群控制器（CCU），田间控制器（卫星站），电磁阀构成。中央计算机可装置在任何一个地方。比如：一套中央计算机系统控制多个灌溉系统。中央计算机可安装在团场认为合适的位置。CCU 安装在各个滴灌系统泵房内。中央计算机与CCU 之间的通信，可采用有线连接（近距离），无线连接，电话线连接或移动通信方法连接。一台 CCU 可连接多个田间控制器。CCU 与田间控制器之间同样可选上述数种通信方式。由中央计算机到终端电磁阀的工作过程为：中央计算机编程，并将程序下达到 CCU。CCU将各轮灌区灌溉控制程序再发到相关田间控制器。田间控制器依中央计算机制作的程序启闭各轮灌区电磁阀。

7. 信息传输方式

滴灌自动控制中信息的收发主要有有线传输和无线传输 2 种。

无线传输有 433 MHz、ZigBee 及电信运营商提供的 GPRS 通信模式。

（1）433 MHz 是数据传输领域的老产品，使用的是低频窄带通信技术，两个无线收发机工作在一个很窄的频率范围内,由于晶振的振荡频率受温漂、随时间发生老化而产生误差;它受作物遮挡而不能正常通信;功耗大,发射天线体积庞大,从而造成系统工作不稳定。

(2)ZigBee与蓝牙相类似。是一种新兴的短距离无线通信技术,具备很强的灵活性和远程控制能力,其特点是低功耗、低成本、相应速度快、高安全、运行在免执照频段。工作频率在 2.4~2.485 G 之间。

(3)GPRS是通用分组无线服务技术(general packet radio service)的简称,它是 GSM 移动电话用户可用的一种移动数据业务。GPRS 经常被描述成"2.5 G",也就是说这项技术位于第二代(2 G)和第三代(3 G)移动通信技术之间。GPRS 特点是与移动运营商协议付费,在信号覆盖的地方,发个短信就能启闭水泵或者电磁阀。

第三节 滴灌自动控制系统设计应注意的问题

▶ 一、实现滴灌自动控制是个循序渐进的过程

滴灌自动控制技术是实现滴灌系统科学管理的一种手段,实现全自动化是个循序渐进的过程,即便在整个滴灌系统中,部分实现自动控制,也可以提高滴灌系统科学管理,例如普通手动阀门改为电磁阀,就可以减轻田间灌水劳动量,还能保证灌水小区的压力和灌水量,为了更好更科学地灌溉作物,在有经济能力和农户掌握一定技术的条件下,实施全自动化灌溉。

▶ 二、与滴灌管网设计相协调

对于计划新建的自动化滴灌系统,自动控制系统设计应该与滴灌系统设计同步进行设计和施工,做到充分地协调一致;对于在原有滴灌系统上改建为自动化控制的滴灌系统,必须符合该系统原来的水利设计要求,适应原设计的轮灌制度,这是进行自动化改建的前提。否则,所谓的滴灌系统自动化控制是无法实现的。

目前影响滴灌自动化控制系统投资多少的关键因素是末端执行机构——电磁阀的数量。电磁阀的数量又和管网设计和轮灌方式有关。在可能的情况下滴灌系统轮灌区数量越少,管网造价越低。轮灌区数量少管网造价低的原因是配水管路(分干管、支管)管径细,所需的管件少,特别是所需的控制阀门少。轮灌区数量少,所需的电磁阀少,田间控制设备也少。因此,滴灌管网的优化设计,不仅带来的是管网系统投资的大大降低、人工管理的方便;同时也带来自动化控制设备投资的大大减少和管理的方便。

▶ 三、加强对农户的培训,提高滴灌自动化灌溉的认识

在原有灌溉模式下,滴水量和施肥量都有很大的随意性和主观性,进行自动化滴灌就要按设计的轮灌制度及作物具体的应用量进行,若农户和基层管理者都不愿意接受监督和控制,这样自动化灌溉失去了用户的认可,因此要对他们进行自动化滴灌知识的培训,让农户

认识到协调滴灌设计系统和生产管理的关系,使这二者达到协调一致就能充分发挥自动化滴灌的优势,从而使农户增产增收。

◉ 四、自动化设备的管理、使用和维护问题

目前很多自动化系统的管理者、使用者和维护者没有得到很好的培训,对设备的性能、特点和日常维护不甚了解,操作、维护不熟练。每年重复的拆卸和安装工作,加上保管不善造成设备损坏、零部件丢失现象严重。这些问题如果由供货商承担责任会使得供货商不堪重负,如果供货服务不及时就会造成设备利用率下降。加强用户培训,使用户具有一定的自我服务能力,日常维护由用户自己完成,产品故障由供货商排除,从而使系统利用率提高,运行成本降低。

◉ 五、坚持因地制宜、突出效益的原则

滴灌工程的规模大小、作物种类、水源情况等差异很大,进行自动化控制的目的必须明确,在进行滴灌自动控制系统设计时,必须坚持因地制宜、突出效益的原则。我国各地在作物需水规律和滴灌灌溉制度方面的研究比较落后,积累资料甚少,要想实现全自动化灌溉,达到高效节水增产的目的,还需要很长的边应用边积累过程。

第十二章 几种特殊滴灌系统设计应注意的问题

第一节 温室大棚微灌系统规划设计

温室是一个相对封闭的生产环境,自然降雨不能直接利用,温室中作物需要的水分完全依赖人工控制的灌溉措施来解决,灌溉设备是温室设施的主要组成部分,可靠的灌溉技术是温室生产的基本保证。

温室灌溉系统规划设计目的是合理选择灌溉方式、确定水源方案、划分出轮灌区、确定管道布置方案和各级供水管道大小、提供灌溉工程材料清单,为灌溉工程的实施做好准备。

▶ 一、规划设计内容

(一)资料收集

进行温室灌溉系统的规划设计时,需要收集与温室相关的自然条件、生产条件和经济条件、作物生长需要水分环境等基础资料,主要包括以下内容。

1. 地理与地形资料

该部分资料应包括系统所在地区经纬度、海拔高度、自然地理特征、灌区地形图,地形图上应标明灌区内水源、电源、动力、道路等主要工程的地理位置。

2. 水文与气象资料

包括年降水量及分配情况、年平均蒸发量、地下水埋深、冻土层深度等,必要时还需收集月蒸发量、平均气温、最高气温、最低气温、平均积温等。

3. 土壤资料

包括土壤或拟用基质的类别、容重、厚度、pH、田间持水率、凋萎系数。

4. 农作物资料

拟栽培作物的种类、种植分布、种植面积、株行距、种植方向、生长期、日最大耗水量、产量及灌溉制度等。

5. 供水供电资料

可用灌溉水源的水质和可供水量,灌溉用电的配备情况。必要时应监测水源中泥沙、污物、水生物、含盐量、悬浮物情况和 pH 大小,以及机井的动、静水位等。确保水源符合《农田灌溉水质标准》(GB 5084—2005),以及温室灌溉用水用电的要求。

6. 其他

应了解当地经济状况、农业发展规划和操作人员素质等资料,以便所选用灌溉技术与当地的经济和技术水平相适应。

根据资料的收集和整理,对于面积较大区域规划温室滴灌工程,需要论证温室灌溉工程的必要性和可行性,确定工程的规模和布置等,是温室微灌系统工程规划设计的前提。

(二)规划设计

温室灌溉系统的规划设计应包括以下内容:①勘测收集整理基本资料;②确定灌溉系统的控制范围;③确定拟采用的灌溉系统型式,可参考表 12-1 温室灌溉系统的选用和表 12-2 温室灌溉系统投资估算指标;④灌溉系统的各级管道和灌水器的布置;⑤选择确定灌溉系统中涉及的各种灌水器;⑥灌溉制度和灌溉用水量计算;⑦工作制度和轮灌方式;⑧计算确定各级管道的材质、管径和长度;⑨水泵与动力选配;⑩水源分析及水源工程方案;⑪灌溉工程设计布置图(图上应绘出灌区边界、温室范围、各温室灌溉系统的型式、水源工程和泵站以及供水管网的布置等);⑫材料设备用量和投资估算。

温室灌溉系统的总体规划必须在分析基本资料的基础上才能进行,综合调整供水流量与压力、管道布置和管材规格选择,提高水资源利用率,减少工程投资,扩大有效灌溉面积,取得较高的综合经济效益;然后对水源工程、首部枢纽工程、输配水管道工程进行总体布局,保证灌水器的出水均匀度。

表 12-1   温室灌溉系统的选用

栽培作物	低档配置	中档配置	高档配置
果菜类作物行栽花卉、果树	管道灌溉＋微喷带滴灌或滴灌带滴灌	管道灌溉＋微喷带滴灌或滴灌带滴灌＋微喷头微喷灌	管道灌溉＋滴灌管滴灌＋微喷头微喷灌
叶菜类作物、育苗	管道灌溉	管道灌溉＋微喷头微喷灌	管道灌溉＋自行走式喷灌机
盆栽花卉	管道灌溉	管道灌溉＋滴箭滴灌	管道灌溉＋滴箭滴灌＋微喷头微喷灌

表 12-2   温室灌溉系统投资估算指标

项目	价格/元	备注
管道灌溉/m²	0.2～0.5	
微喷带滴灌/m²	0.5～1	微喷带为 3 年期取上限,1 年期取下限
滴灌带滴灌/m²	1～3	滴灌带为 3 年期取上限,1 年期取下限
滴灌管滴灌/m²	3～5	滴灌管为 5 年期取上限,3 年期取下限
滴头滴灌/m²	8～10	滴头为流量补偿式取上限,普通取下限
微喷灌灌溉/m²	2～4	防滴漏喷头取上限,普通喷头取下限
自动灌溉控制/m²	3～5	指采用时间控制器和电磁阀的控制系统
走式喷灌机/套	10 000～30 000	国产
	55 000～85 000	进口。全进口取上限,主机进口取下限

项目	价格/元	备　注
首部枢纽/套	5 000～5 500	系统包括水泵、网式过滤器、压差式施肥罐及其他控制测量设备,最大控制面积 2 500 m²
	20 000～22 000	系统包括水泵+稳压水罐、砂石过滤器+网式过滤器、压差式施肥罐及其他控制测量设备,最大控制面积 2 500 m²
	50 000～55 000	系统包括水泵+变频恒压控制器、水砂分离器+砂石过滤器+网式过滤器、水动施肥器(进口)及其他控制测量设备,最大控制面积 2 500 m²
自动灌溉施肥机/套	80 000～120 000	含可编程控制器(进口)、电磁阀(进口)及其他配件,最大控制面积 2 500 m²

二、温室灌溉系统的规划设计

相对而言,温室微灌系统的规划设计涉及内容多、工作量大,以下介绍温室微灌系统的规划设计。

(一)温室微灌系统的布置

在对所收集的资料分析整理的基础上,根据作物种类、栽培环境、土壤性质、水源情况、使用要求等,确定采用滴灌或微喷灌系统的温室,并对各温室中的滴灌系统进行布置。

微灌系统的布置通常在地形图上进行,系统布置所使用的地形图比例尺可以是 1/500～1/1 000。小面积的温室滴灌系统的布置也可采用示意图的方式表示滴灌系统的布置。

微灌系统的布置图上应标示出水源和首部枢纽的位置、毛管和灌水器的布置、各级供水管的布置以及规格、数量。

(二)选定灌水器

完成温室滴灌或微喷灌系统的布置后,要选定各滴灌或微喷灌系统中灌水器,并明确所使用滴头、滴灌管(带)或微喷头的规格型号及其水力学性能参数。

温室条播作物中较为常用的滴灌管(带)是出水孔(灌水器)间距为 30 cm、流量 1.5～2.5 L/h 的滴灌管(带)。对于常年种植行距和株距固定的作物(即灌溉系统不变),一次性投资承受能力允许的情况下,可选择强度和寿命较好的滴灌管。在选用微喷头的同时还应考虑其组合方式,并计算其喷灌强度,确保喷灌强度不大于土壤入渗能力,以免地面积水。

在日光温室、塑料大棚配合地膜覆盖栽培的茄果类和瓜类蔬菜也可选用双孔微喷带,栽培果树可选择斜 3 孔微喷带,栽培叶菜类蔬菜、食用菌等密植作物时应选择每组斜 5 孔以上微喷带。

对已确定使用的灌水器应了解其结构参数和水力学性能参数,以便为进一步的微灌系统设计提供依据。

图 12-1 为悬挂式微喷头喷洒温室大棚灌溉设计安装示意图,图 12-2 为温室大棚滴灌灌溉设计安装示意图。

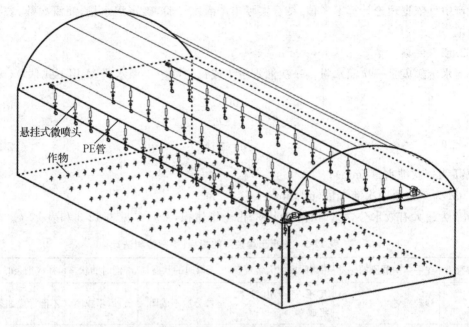

图 12-1　悬挂式微喷头喷洒温室大棚灌溉设计安装示意图

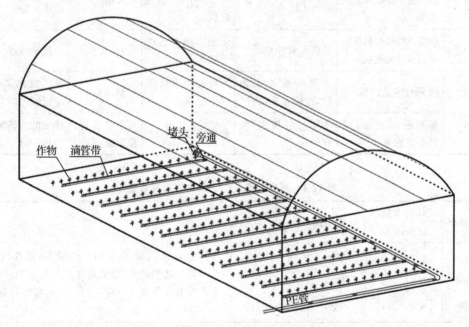

图 12-2　温室大棚滴灌灌溉设计安装示意图

(三)确定微灌系统的工作方式

1.灌溉制度

灌溉制度是指作物全生育期或全年生长中每一次灌水量、灌水周期(灌水时间间隔)、一次灌水延续时间、总灌水次数和总灌水量等指导作物灌溉的指标。作物灌溉制度与土壤类型、作物种类及其生长阶段、气候环境、用水条件等多种因素有关,要精确制定较为困难,实际生产中可依据理论计算参考值,结合实际丰产灌水经验,确定灌水量、灌溉次数、农艺栽培等措施。

2.灌水定额

灌水定额就是一次灌水量。一次灌水量 I 或每公顷一次灌水量 M 用下式估算:

$$I = \frac{1\,000\alpha\beta ZP}{\eta} \qquad\qquad (12\text{-}1)$$

$$M = 10I \qquad\qquad (12\text{-}2)$$

式中:I 为一次灌水量(mm);

M 为每公顷一次灌水量(m³/hm²);

β 为最大有效水分含量(田间持水率,占土壤体积,%),参见表12-3和表12-4。

表12-3 鉴定土壤性质的指标(手指检测法)

土壤种类	在手掌中磨研的感觉	用肉眼或放大镜观察	干燥时的状态	湿润时的状态	揉成细条时的状迹
沙土	沙粒感觉	几乎完全由沙粒组成	土粒分散不成团	流沙、不成团	不能揉成细条
沙壤土	不均质,主要是沙粒的感觉,也有细土粒感觉	主要是沙粒,也有粒细的土粒	干土块用手指轻压或稍用力能碎裂	无可塑性	揉成细条易裂成小段或小瓣
壤土	感觉到沙质和黏质土壤的含量大致相同	还能见到沙粒	干土块用手指难于破坏	可塑	能揉成细条
壤黏土	感到有少量沙粒	主要有粉沙和黏粒,沙粒几乎没有	不可能用手指压碎干土块	可塑性良好	易揉成细条,但在卷成圆环时有裂纹
黏土	很细的均质土,难以磨成粉末	均质的细粉末,没有沙粒	形成坚硬的土块	可塑性良好、呈黏糊体	揉成的细条易卷成圆环,不产生裂纹

表12-4 不同气候条件下的作物日耗水量

气候情况	日耗水量/(mm/d)	气候情况	日耗水量/(mm/d)	备　注
湿冷	2.5~3.8	干湿	5.1~6.3	"冷"指最高气温低于21℃;"暖"指最高气温在21~32℃之间;"热"指最高气温高于32℃;"湿"指平均相对湿度大于50%,"干"指平均相对湿度低于50%
干冷	3.8~5.1	湿热	5.1~7.6	
湿温	3.8~5.1	干热	7.6~11.5	

α 为表示能够被作物利用的有效水分含量的比例(%),与作物种类及生育期等有关,一般取 $30\% \sim 70\%$,苗期及对水分敏感期取小值。

P 为土壤湿润比(%),即灌溉后地面 0.3 m 处的湿润面积占全部面积的比例。该值与灌溉方式、作物生育期、土壤种类等因素有关,滴灌方式一般 $P = 40\% \sim 90\%$,微喷灌一般 $P = 50\% \sim 100\%$。

P 也根据种植作物(如果树类)按下式计算:

$$P=\frac{N_p S_e W}{S_p S_r} \qquad\qquad (12\text{-}3)$$

式中:P 为每棵作物滴头数;

S_e 为滴头沿毛管上的间距(m);

W 为湿润带宽度(也等于单个滴头的湿润半径)(m);

S_p 为作物株距(m);

S_r 为作物行距(m);

Z 为计划湿润土层深度(m),即灌水后要求达到有效水分含量的土壤距离地表的深度,该值主要与作物根系分布有关,灌水后应使作物的主要根系活动层得到湿润。一般蔬菜作物取 0.2~0.5 m,根系发达的果树取 1.0~1.4 m。

η 为灌溉水的利用系数,与灌溉方式有关,滴灌 90%~98%,微喷灌 80%~90%。

温室微灌的一次灌水量取决于土壤性质、作物种类及其生长阶段、灌溉方式等多种因素,即使是同一种作物由于各生育阶段对水分的敏感性、根系发达的程度、天气情况等不同,所要求的一次灌水量也会有一定差别,因此实际进行微灌作业时,可根据上述公式计算出一次灌水量的大致范围,再根据作物所处的具体情况灵活掌握。

表 12-5 列出了各类土壤干密度和两种水分常数,可供设计时参考。

表 12-5　不同土壤干密度和水分常数

土壤	干密度/(t/m³)	水分常数			
		重量比/%		体积比/%	
		凋萎系数	田间持水量	凋萎系数	田间持水率
紧砂土	1.45~1.60		16~22		26~32
砂壤土	1.36~1.54	4~6	22~30	2~3	32~42
轻壤土	1.40~1.52	4~9	22~28	2~3	30~36
中壤土	1.40~1.55	6~10	22~28	3~5	30~35
重壤土	1.38~1.54	6~13	22~28	3~4	32~42
轻黏土	1.35~1.44	15	28~32	—	40~45
中黏土	1.30~1.45	12~17	25~35	—	35~45
重黏土	1.32~1.40	30~35		—	40~50

3. 灌水周期

灌水周期是指两次灌水之间的时间间隔,一般蔬菜灌水周期为 1~3 d,果树为 3~10 d。通过估算灌水周期,作为确定下一次灌水时间的参考。灌水周期的理论公式为:

$$T=\frac{1}{E_a} \qquad\qquad (12\text{-}4)$$

式中:I 为一次灌水量(mm);T 为灌水周期(d)。E_a 为作物日耗水量(mm/d),与气候情况和作物种类及其生长阶段有关,该值由田间试验求出,缺少实验数据时可参考表(12-4),对于温室大棚果树类日耗水量应实测或者采用经验数据,确定整个生育期各时段耗水强度,以最大耗水强度为设计依据确定灌溉面积。

4. 一次灌水延续时间

一次灌水延续时间与微灌系统的水力性能和工作压力有关，单行毛管直线布置，灌水器间距均匀情况下，一次灌水延续时间由式(12-5)计算确定，对于灌水器间距非均匀布置情况下，可取 S_e 为灌水器的间距的平均值。

$$t = \frac{I S_e S_1}{\eta q} \tag{12-5}$$

式中：t 为一次灌水延续时间(h)；I 为一次灌水量(mm)；S_e 为灌水器间距(m)；S_1 为毛管间距(m)；q 为灌水器流量(L/h)；η 为灌溉水利用系数，$\eta = 0.9 \sim 0.95$，微喷灌取小值，滴灌取大值。

对于果树，每棵树装有 n 个灌水器时，则

$$t = \frac{I S_p S_r}{n \eta q} \tag{12-6}$$

式中：S_p、S_r 为果树的株距和行距(m)；n 为单株果树滴头分配数量。其余符号意义同前。

5. 灌水次数与灌水总量

使用微灌技术，作物全生育期或全年的灌水次数比传统的地面灌溉多。灌水总量为：

$$M = \sum M_i \tag{12-7}$$

式中：M 为作物全生育期或全年灌水总量(m^3)；M_i 为各次灌水量(m^3)。

6. 轮灌区数量

温室微灌系统的工作制度通常分为全系统续灌和分组轮灌两种情况，不同的工作制度要求的流量不同，因而工程费用也不同。在确定工作制度时，应根据作物种类，水源条件和经济状况等因素做出合理选择。

为减少投资，提高设备利用率，充分利用有限的水源，温室微灌工程经常采用划分灌区轮流灌水的方式进行灌溉管理。尤其在灌区面积较大的温室微灌工程中，必须使用轮灌方式才能取得经济合理的投资。轮灌区数目用下式计算：

$$N \leqslant c \frac{T}{t} \tag{12-8}$$

式中：N 为轮灌区数目；c 为微灌系统一天可运行时间，一般取 $12 \sim 20 \ h$，对于固定式系统不低于 $16 \ h$；T 为灌水高峰期两次灌水的间隔时间(d)；t 为一次灌水延续时间(h)，指全生育期或全年中一次灌水量最大时即灌水高峰期的灌水延续时间。

轮灌区实际数量一般不得大于上述计算值。实践证明，轮灌组过多，会造成各农户间的用水矛盾，按上式计算的 N 值为允许的最多轮灌组数。设计时应参照微灌系统的总体布置图，根据有关灌区管道的布置情况、操作和管理的方便性、水源流量、经济性等情况，确定实际的轮灌区数量。

必要时，还可以根据实际轮灌区的划分制定微灌工作制度，包括灌溉顺序和时间安排等。

滴灌工程规划设计

7.温室大棚轮灌组的划分方法

通常温室大棚滴灌设计时一般预留一个出水口,连接过滤施肥等装置,并安装阀门或流量调节装置,一般每座温室大棚种植作物较为单一,一座大棚所辖的面积划分为一个灌水单元,称灌水小区。一个轮灌组根据水量分配可包括一座或多座大棚,即包括一个或若干个灌水小区。

温室大棚种植两种作物时,作物耗水量不同时,可将两种作物分别控制灌溉,即一座大棚包含两个灌水小区。

常见温室微灌单座大棚为一个灌水小区示意图如图 12-3、图 12-4 所示,单座大棚为两个灌水小区示意图如图 12-5、图 12-6 所示。

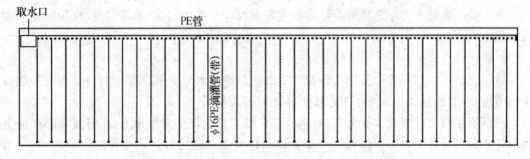

图 12-3 单座大棚为一个灌水小区示意图（沿短边种植）

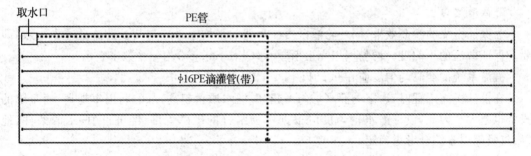

图 12-4 单座大棚为一个灌水小区示意图（沿长边种植）

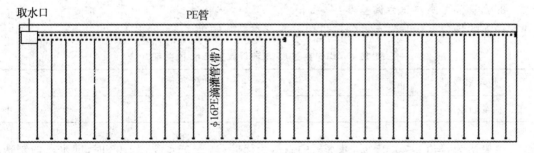

图 12-5 单座大棚为两个灌水小区示意图（沿短边种植）

取水口　　　　　　　　PE管

φ16PE滴灌管(带)　　　　　　　　φ16PE滴灌管(带)

图 12-6　单座大棚为两个灌水小区示意图(沿长边种植)

(四)确定微灌系统的设计参数

有关微灌系统水力学性能的设计参数主要有设计工作压力、微灌均匀度、流量偏差率和压力偏差率。

1.设计工作压力

各种类型的灌水器无论是滴头还是微喷头都是通过水流克服摩擦阻力做功而消耗能量来调节流量,其流量大小取决于工作压力和流道的几何尺寸。

根据所用灌水器的工作压力范围,选择确定灌水器的设计工作压力,此时灌水器的流量为设计流量。设计工作压力应在生产商提供的最大工作压力和最小工作压力范围内,一般是灌水器的额定工作压力或在该值附近。常用灌水器的大致设计工作压力为:滴灌带为 50 kPa,滴灌管为 100 kPa,微喷头为 200 kPa,微喷带为 50 kPa。

2.微灌均匀度

为保证微灌的灌溉效果,同一轮灌区内灌水器的平均流量应与其设计流量基本一致,即要求保证微灌的均匀度。均匀度用克里斯琴森(Christiansen)均匀系数来表示。

微灌系统的灌溉均匀度应在90%以上。

在设计微灌工程时,选定的灌水均匀度越高,灌水质量越高,水的利用率越高,而系统的投资也越大。因此,设计灌水均匀度应根据作物水分的敏感程度、经济价值、水源条件、地形、气候等因素综合考虑确定。

建议采用的设计均匀度为:当考虑水力因素时,取均匀系数 0.95~0.98,或流量偏差率 10%~20%;当考虑水力和灌水器制造偏差两个因素时,取均匀系数 0.9~0.95。

3.流量偏差率与压力偏差率

微灌的均匀系数与灌水器的流量偏差率存在着一定的关系,见表12-6。

表 12-6　均匀系数 C_u 与流量偏差率 q_v 的关系　　　　　　　%

均匀系数 C_u	98	95	92
流量偏差率 q_v	10	20	30

一般认为,当 $C_u \leqslant 0.05$ 时,灌水器的制造为优等;当 $0.05 < C_u \leqslant 0.07$ 时,灌水器的制造质量为良好;当 $0.07 < C_u \leqslant 0.11$ 时,认为灌水器的制造质量还可以;当 $C_u > 0.11$ 时,认为灌水器的制造质量不合格。各种形式的灌水器的流态指数在 0~1.0 之间变化,如表 12-7 所示。

表 12-7　灌水器流态指数与流态

灌水器种类	流态指数	流态	灌水器种类	流态指数	流态
全压力补偿式	0	紊流	螺旋流道式	0.7	光滑紊流
涡流式	0.4	涡流	微孔管	0.8	层流
孔口式滴头、迷宫式滴头、微喷头	0.5	紊流	微管	0.9~1.0	层流
长流道式滴头	0.6	光滑			

灌水器的流量偏差率主要由该轮灌区灌水器的工作压力偏差造成,流量偏差率越小,灌水均匀度越高,但设备的投资也越高。为保证灌溉均匀度,一般要求取系统的流量偏差率不大于30%。采用轮灌区分别进行微灌时,每个轮灌区相当于一个独立的微灌系统,各轮灌区的流量偏差率都应该在规定的范围内。

从微灌系统的设计角度看,要保证某一轮灌区内流量偏差率在规定范围内,需要通过保证该灌区内各灌水器的工作压力偏差率在一定范围内来实现。压力偏差是由于管道的阻力和地面高差等因素造成的,进行微灌系统设计时就是要通过对供水管道进行合理的布置计算各级管径大小等措施,使微灌系统灌水器工作的压力偏差率控制在规定范围内。有条件情况可根据需要安装流量调节器,保证各出水口压力和流量在设计规定范围内。

(五)管网水力计算

管网水力计算是微灌系统设计的中心内容。其任务是在满足灌水和灌水均匀度的前提下,确定各级管道的管径、长度、系统的供水流量、供水压力的要求等。管网水力计算时,一般是参照微灌系统的布置图及有关设计参数,选择最不利的轮灌区,从最不利的灌水器和毛管开始,运用有关管道损失的水力学公式,逐级向上推算。由微灌系统的布置方式、管径大小的选择可以有多种方案,往往需要通过反复计算比较才能计算出经济合理的管径,因此微灌系统的布置与管网水力计算步骤往往需要反复交叉进行。

1.管径的估算

确定供水管道时,可通过以下公式初步确定管径大小,再通过进一步的水力计算进行调整

$$d = 18.8\sqrt{\frac{Q}{v}} \tag{12-9}$$

式中:d 为管道管径(mm);Q 为管道入口流量(m^3/h);v 管道经济流速(m/s),硬塑料管的经济流速可取 1~1.5 m/s。

2.管道水力计算

初步确定管径后,就可以进行各级管道的水力计算。目的是在保证各轮灌区灌水均匀度的前提下,求出每一级管道的通过流量和压力损失,以及管道系统的压力损失,并根据计算结果得出微灌系统需要的总供水流量和总供水压力。

确定管道水力计算依据《微灌工程技术规范》(GB/T 50485—2009)、《灌溉与排水工程设计规范》(GB 50288—99)的有关规定。

灌溉水在管道内流动受管壁摩擦和挤压等会产生机械能的损耗,即压力损失。压力损失分为沿程压力损失和局部压力损失两种。沿程压力损失为水流过一定管道距离后由于水分子的内部摩擦而引起的损失;局部压力损失为水流经过各种管件、阀门等设备时因流态的变化而产生的损失。沿程压力损失与局部压力损失之和即为管道的总压力损失。

(1)无多口出流管道沿程水头损失计算方法 微灌系统常用的塑料管,其流态除滴头内部和毛管末端可能处于层流外,毛管大部、支管及干管均属于光滑管紊流,GB/T 50485—2009《微灌工程技术规范》给出了各种管材的摩阻系数、流量指数和管径指数,可供设计参考,见表12-8。

表 12-8　各种管材的摩阻系数、流量指数和管径指数

管材			f	m	b
	硬塑料管		0.464	1.77	4.77
聚乙烯管	$D>8$ mm		0.505	1.75	4.75
	$D\leqslant8$ mm	$>2\,320$	0.595	1.69	4.69
		$\leqslant2\,320$	1.75	1	4

注:表中系数适用于流量的单位为 L/h,管径的单位为 mm,管长的单位为 m。

管道沿程压力损失与管道局部压力损失详见第八章介绍。

对温室灌溉系统,如按照公式计算各个管件、阀门处的局部压力损失,工作量将十分庞杂。因此在实际设计工作中,一般先计算出沿程压力损失,然后按照10%计算局部压力损失。

(2)多口出流管道的沿程水头损失计算 多口出流管道在微灌系统中一般是指毛管和支管,在滴灌系统中,由于毛管一般由厂家提供了不同管径、不同滴头和不同间距条件下铺设长度和水头损失曲线,故一般不需要计算,因而多孔出流管沿程水头计算一般指支管的计算。

可以分别计算各分流口之间管段的沿程水头损失,然后再累加起来,得到多口出流管的全长的沿程水头损失。当出水口较多时,分段计算将很繁琐,对管径不变、分流口间距相等、分流量相等的多口管的沿程水头损失,可用多口系数法来计算,见式(12-10)。

$$H_f=\frac{fSq_d^m}{D^b}\left[\frac{(N+0.48)^{(m+1)}}{m+1}-N^m\left(1-\frac{S_0}{S}\right)\right] \tag{12-10}$$

式中:H_f 为等距多孔管沿程水头损失(m);S 为分流孔间距(m);S_0 为多孔管进口至首孔的间距(m);N 为分流孔总数(≥3);q_d 为单孔设计流量(L/h);其余符号含义同前。

也可按下述简易方法计算,先以多口管进口流量计算无分流管道的沿程水头损失,再乘以多口系数 F,即式(12-11)、式(12-12)计算:

$$H_t=h_fF \tag{12-11}$$

$$F=\frac{N\left(\frac{1}{m+1}+\frac{1}{2N}+\frac{\sqrt{m-1}}{6N^2}\right)-1+X}{N-1+X} \tag{12-12}$$

式中:H_t 为多口管沿程水头损失(m);H_f 为无多口出流时的沿程水头损失(m);F 为多口系数;m 为流量指数;N 为出口数目;X 为进口端至第一个出水口的距离与孔口间距之比。

微灌中支管均为塑料管,为了便于计算,通常硬塑料管取 $m=1.77$,聚乙烯管取 $m=1.75$,并将多孔系数制成表格备查,见表 12-9、表 12-10。

表 12-9　硬塑料管多孔系数($m=1.77$)

出水口数目 N	多口系数		出水口数目 N	多口系数		出水口数目 N	多口系数	
	$X=1$	$X=0.5$		$X=1$	$X=0.5$		$X=1$	$X=0.5$
2	0.648	0.530	12	0.404	0.378	24	0.382	0.369
3	0.544	0.453	13	0.400	0.376	26	0.380	0.368
4	0.495	0.423	14	0.397	0.375	28	0.379	0.368
5	0.467	0.408	15	0.395	0.374	30	0.378	0.367
6	0.448	0.398	16	0.393	0.373	35	0.375	0.366
7	0.435	0.392	17	0.391	0.372	40	0.374	0.366
8	0.426	0.388	18	0.389	0.372	50	0.371	0.365
9	0.418	0.384	19	0.388	0.371	100	0.366	0.363
10	0.412	0.382	20	0.386	0.371	>100	0.362	0.361
11	0.408	0.379	22	0.384	0.370			

表 12-10　聚乙烯管多孔系数($m=1.75$)

出水口数目 N	多口系数		出水口数目 N	多口系数		出水口数目 N	多口系数	
	$X=1$	$X=0.5$		$X=1$	$X=0.5$		$X=1$	$X=0.5$
2	0.650	0.533	12	0.406	0.380	24	0.385	0.372
3	0.546	0.456	13	0.403	0.379	26	0.383	0.371
4	0.498	0.426	14	0.400	0.378	28	0.382	0.370
5	0.469	0.410	15	0.398	0.377	30	0.380	0.370
6	0.451	0.401	16	0.395	0.376	35	0.378	0.369
7	0.438	0.395	17	0.394	0.375	40	0.376	0.368
8	0.428	0.390	18	0.392	0.374	50	0.374	0.367
9	0.421	0.387	19	0.390	0.374	100	0.369	0.365
10	0.415	0.384	20	0.389	0.373	>100	0.365	0.364
11	0.410	0.382	22	0.387	0.372			

多口管分流口多,局部损失一般不宜忽略,应按供应商的资料选用,无资料时,局部水头损失可按沿程损失的一定比例估算,这一比例支管一般为 0.05～0.1,毛管为 0.1～0.2。

滴灌系统中变径多口管主要用于地下管,地面管较少用变径管,为了节省管材,减少工程投资,通常管道设计成几种管径,如图 12-7 变径管水力计算示意图,从上游向下游逐级减小管径,变径多口管水力计算可将某段管道及其以下的长度看成与计算段直径相同的管道计算管路水头损失,然后减去与该管段直径相同、长度是其以下管道长度的多口出流管道的水头损失,即式(12-13)计算。

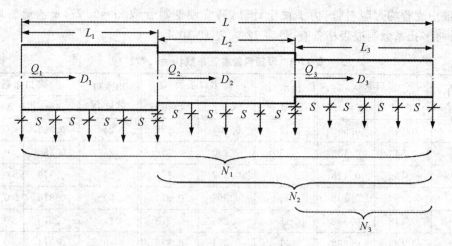

图 12-7 变径管水力计算示意图

$$\Delta H_i = \Delta H_i' - \Delta H_{i+1}' \qquad (12\text{-}13)$$

式中：ΔH_i 为第 i 管段的沿程水头损失(m)；

$\Delta H_i'$ 为将 i 管段及其以下管长均作为第 i 段管道直径时多口出流管道的沿程水头损失(m)；

$\Delta H_{i+1}'$ 为与第 i 管段直径 D_i 相同的第 i 段以下长度的多口出流管道的沿程水头损失(m)。

对于最末一管段按均一管径多口出流管道计算。如式(12-14)计算，则公式为：

$$\Delta H_i = F_i' H_{fi}' - F_{i+1}' H_{fi+1}' = F'f\frac{Q_i^m L_i'}{D_i^b} - F_{i+1}'\frac{Q_{i+1}^m L_{i+1}'}{D_{i+1}^b} \qquad (12\text{-}14)$$

如各出口流量相等，每个出水口的流量为 q，则按式(12-15)计算，公式为：

$$\Delta H_i = fq^m\frac{N_i^m L_i' F_i' - N_{i+1}^m F_{i+1}'}{D_i^b} \qquad (12\text{-}15)$$

式中：Q_i，Q_{i+1} 为第 i 和第 $i+1$ 管段进口流量(L/h)；F_i'，F_{i+1}' 为第 i 和第 $i+1$ 管段及其以下管道的多口系数；L_i'，L_{i+1}' 为第 i 和第 $i+1$ 管段及其以下管道的长度(m)；H_{fi}'，H_{fi+1}' 为第 i 和第 $i+1$ 管段及其以下管道无多口出流时的沿程水头损失(m)；D_i 为第 i 管段内径(mm)；N_i，N_{i+1} 为第 i 和第 $i+1$ 管段及其以下管道的分水口总数目；其余符号意义同前。

3. 系统总供水压力的确定

由最不利轮灌区推算出的总压力就是系统要求的总供水压力。

4. 管网水力计算步骤

(1)根据有关资料，确定微灌系统的设计方案和布置图。

(2)根据有关使用条件，划分微灌系统的轮灌区。

(3)根据所选灌水器性能，计算典型轮灌区所需要的流量。

(4)根据典型轮灌区的流量，初步确定轮灌区内各级输配水管的管径。

(5)根据确定的管径大小，计算典型轮灌区内供水条件最好的和供水条件最差的灌水器之间的压力偏差,以及轮灌区所需的入口压力。

(6)根据该典型轮灌区内的压力偏差率,核算灌区的流量偏差率是否符合要求。如果灌区流量偏差率不符合要求,重新进行第(4)~(6)步。

(7)初步确定各级供水干管管径,从供水条件最差的轮灌区开始,逐级向上计算各供水干管的压力损失和入口流量,并推出系统水源处的供水压力和流量。

(8)根据计算的水源处的供水压力和流量,计算供水条件较好的轮灌区入口压力,核算该压力是否在系统允许范围内。

如果其他供水条件较好的轮灌区入口压力和流量不符合要求,一般可采取两种方法解决:一是重复第(7)~(8)步直到满足要求;二是在供水条件较好的轮灌区入口处设调压管予以解决。

(六)水源分析计算

通过水源分析计算,可以确定水源能够控制的灌溉面积、蓄水工程的规模等。

1. 灌溉面积

(1)井水 井水出流量比较稳定,根据其出水量计算出可控制的灌溉面积。

(2)塘坝 塘坝水源由地面径流产生,或从河渠、水库取水作为水源。来水量有保证的塘坝水源可控制的灌溉面积依据其容积确定。

2. 蓄水容积

为避免灌溉高峰期对温室用水的影响,可配合温室灌溉工程修建一定规模的蓄水设施加以调蓄。可根据灌溉用水量设计计算。

(1)按日调节 当来水量充足且可以随时补充时,可按日调节方式确定蓄水容积。

(2)按多日调节 当来水量有时短缺,或补充来水受限制时,可按多日调节方式确定。

第二节 林果间作套种滴灌系统设计

间作套种就是在同一土地上按照一定的行、株距和占地的宽窄比例种植不同种类的农作物,运用群落的空间结构原理,为充分利用空间和资源而发展起来的一种立体种植模式,以达到农业增产的目的,间作套种能够合理配置作物群体,使作物高矮成层,相间成行,有利于改善作物的通风透光条件,提高光能利用率,充分发挥边行优势的增产作用。一般把几种作物同时期播种的叫间作,不同时期播种的叫套种。

间作可提高土地利用率,由间作形成的作物复合群体可增加对阳光的截取与吸收,减少光能的浪费;同时,两种作物间作还可产生互补作用,如宽窄行间作或带状间作中的高秆作物有一定的边行优势、豆科与禾本科间作有利于补充土壤氮元素的消耗等。但间作时不同作物之间也常存在着对阳光、水分、养分等的激烈竞争。因此对株型高矮不一、生育期长短稍有参差的作物进行合理搭配和在田间配置宽窄不等的种植行距,有助于提高间作效果。

一、规划设计内容

(一)规划区资料收集

进行林果间作套种灌溉系统的规划设计时,需要收集与林果种植相关的自然条件、生产条件和经济条件等基础资料,主要包括以下内容。

1.地理与地形资料

该部分资料应包括系统所在地区经纬度、海拔高度、自然地理特征、灌区地形图,地形图上应标明灌区内水源、电源、动力、道路等主要工程的地理位置。

2.水文与气象资料

包括年降水量及分配情况、年平均蒸发量、地下水埋深、冻土层深度等,必要时还需收集月蒸发量、平均气温、最高气温、最低气温、平均积温等。

林果滴灌工程规划建设需要进行水量供需平衡分析,通过水量的供需平衡,合理确定工程建设规模,灌溉作物的水量,根据灌溉面积、作物种植情况、土壤、水文地质和气象条件等因素决定。一般以典型水文年份的气象资料作为依据计算灌溉用水量,通常选 75% 和 50% 的水文年份作为典型水文年份。

林果间作套种灌区内种植一种作物时,规划设计需符合《微灌工程技术规范》(GB/T 50485—2009),灌溉定额按式(12-16)计算,种植不同作物时,按式(12-17)计算综合灌溉定额:

$$M_{总} = \frac{M}{\eta} \tag{12-16}$$

式中:$M_{总}$ 为总灌溉定额(mm);η 为灌溉水利用系数,井灌区 $\eta > 0.8$,渠灌区 η 值根据渠系工程状况确定。

$$M_{总} = \sum \alpha_i M_i = \alpha_1 M_1 + \alpha_2 M_2 + \cdots + \alpha_n M_n \tag{12-17}$$

式中:$M_1, M_2, \cdots, M_n$ 为不同作物的灌溉定额(mm);$\alpha_1, \alpha_2, \cdots, \alpha_n$ 为不同作物面积占总种植面积比例。

规划区灌溉面积确定后,灌溉用水量由式(12-18)计算:

$$W_n = 10 M_{总} A \tag{12-18}$$

式中:W_n 为不同作物的灌溉定额(mm);A 为种植作物面积(hm^2)。其余符号意义同前。

3.土壤资料

包括土壤或拟用基质的类别、容重、厚度、pH、田间持水率、凋萎系数。

4.种植林果与农作物资料

拟栽培林果的种类、树龄、种植分布、种植面积、株行距、种植方向、生长期、日最大耗水量、产量及灌溉制度等。实际生产中主要有以下两种主要的间作套种模式:

(1)多年生作物与一年生作物间作。例如果树与粮食或棉花间作、果树与瓜菜类间作等。又可分两种情况:一种是只在果树幼龄间作,另一种是长期间作。

(2)一年生作物与一年生作物间作。如棉花与玉米间作、蔬菜和粮食作物间作、不同蔬菜间作、粮食与油料间作。

5．供水供电资料

可用灌溉水源的水质和可供水量，灌溉用电的配备情况。必要时应监测水源中泥沙、污物、水生物、含盐量、悬浮物情况和 pH 大小，以及机井的动静水位等。确保水源符合《农田灌溉水质标准》(GB 5084—2005)，以及灌溉用水用电的要求。

6．其他

应了解当地经济状况、农业发展规划和操作人员素质等资料，以便所选用灌溉技术与当地的经济和技术水平相适应。

(二)规划设计内容

灌溉系统的规划设计应包括以下内容：①勘测收集整理基本资料；②确定灌溉系统的控制范围；③确定拟采用的灌溉系统型式；④灌溉系统的各级管道和灌水器的布置；⑤选择确定灌溉系统中涉及的各种灌水器；⑥灌溉制度和灌溉用水量计算；⑦工作制度和轮灌方式；⑧计算确定各级管道的材质、管径和长度；⑨水泵与动力选配；⑩水源分析及水源工程方案；⑪灌溉工程设计布置图(图上应绘出灌区边界、灌溉系统的型式、水源工程和泵站以及供水管网的布置等)；⑫材料设备用量和投资估算。

▶ 二、地面管网的布设方式

林果间作套种作物输水管网设计与单一种植作物滴灌管网有所不同，需要同时满足两种或两种以上不同作物的灌水需求，而不同作物的需水量不同、灌水时间不同、种植模式不同。为了有效的解决间作套种作物灌溉，林果间作套种滴灌系统管网设计主要体现在地面管网的布设方式，常见有以下几种模式：

(一)支＋辅管模式

支辅管系统模式的特点是支管铺设较长，在支管上连接多组辅管，并有阀门单独控制，每条辅管为一个灌水小区控制灌溉一种作物。这种系统模式对水源水量大小要求不高，根据滴灌工程设计水量分配开启辅管数量调节压力大小满足滴头工作要求，比较容易实现，适合不同需水要求的作物灌溉，尤其对花花田与林果套种间作比较实用，如图 12-8 所示，大面积单一种植作物这种支辅管模式已逐步被其他模式取代。

(二)单支＋双辅管模式

这种滴灌模式是在支辅管模式基础上衍生出来的一种滴灌模式，这种滴灌模式适宜林果间作套种密集型作物灌溉，一般适用于两种或两种以上作物套种模式，根据不同作物需水要求不同，分配多个灌水小区模式，通过辅管阀门控制灌水单元，如图 12-9 所示。

(三)双支管模式

该模式通常适用于较大面积单一苗木或两种苗木幼林期灌溉，幼林期苗木耗水接近，按照大田作物规划设计，这种滴灌模式是将灌水区分成两个灌水单元的支管轮灌，支管所带毛管数量较多，因此要求最小水量能够满足单支管上滴灌滴头额定流量总和，如图 12-10 所示。

(四)支管＋滴灌管(带)阀门模式

　　该模式适用于行间距较大的不同林果间作套种,需水量不同的果树类滴灌灌水模式,在开启支管阀门的时候,通过滴灌管(带)进水口处小阀门控制灌溉,这种滴灌模式对于水源不太充足的或山区丘陵地区地形条件相对复杂的林果灌溉较为实用,灌水小区的水量分配可以根据毛管进水口处小阀门调节,如图 12-11 所示。

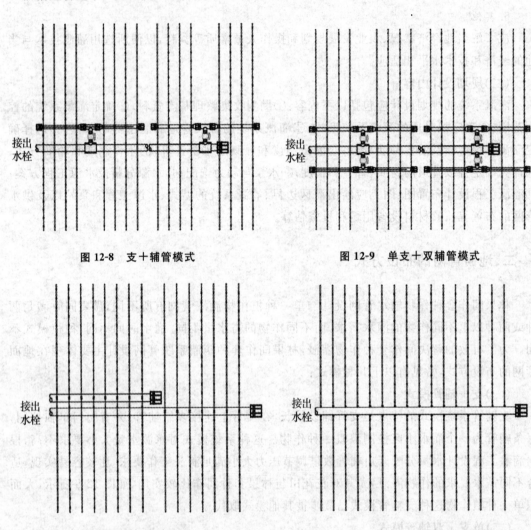

图 12-8　支＋辅管模式　　　　　　　　　　图 12-9　单支＋双辅管模式

图 12-10　双支管模式　　　　　　　　　　图 12-11　支管＋滴灌管(带)阀门模式

　　对于树木灌溉,该模式可通用于压力补偿式滴头、小管出流等灌水模式,水力计算依据相关规范与标准进行。

　　常见林果间作套种管材、管件、灌水器以及设备选型要求需符合《微灌工程技术规范》(GB/T 50485—2009),对于林果苗木密植型可选用单翼迷宫式滴灌带、内镶贴片式滴灌带或微喷带,对于已定植林果苗木,较多选用压力补偿式滴灌管,对于套种作物一般选用单翼迷宫式滴灌带和内镶贴片式滴灌带,便于回收再利用。

第三节 防护林灌溉设计

防护林是为了防止水土流失、防风固沙、涵养水源、调节气候、减少污染所配置和营造的由天然林和人工林组成的森林。根据特定的防护目的,如农田防护林、高速公路防护林、铁路防护林、防风固沙防护林等,防护林在配置和经营措施上各有其特点,因此在规划设计防护林灌溉过程中要充分考虑其经济、社会、生态价值。

由于防护林具有距离长、林带窄、地形起伏和挡风沙的特点,因此对于防护林滴灌规划设计要做好现场踏勘及量测,为灌溉所用材料设备选型提供依据,在现场勘测时要注意以下几点:

一、规划设计注意事项

(一)地形及地貌

防护林带一般都具有距离长的特点,沿途有很多障碍物,比如桥梁、涵洞、建筑物、电缆、光缆等都是勘测不可缺少的地标,地形条件,山丘、沟谷、梁坡都要勘测清楚,以便在设计和施工过程中优先考虑。要掌握规划区地形落差的确切数据,在设计工作中要据此来确定水泵扬程。

(二)水源及水质情况

在微灌工程条件下,防护林微灌系统灌溉用水需要符合微灌灌水水质要求。由于距离长,往往根据实际情况,需要加压、提水、蓄水再加压等多级或多种模式进行灌溉,水源根据当地条件选择,可利用地表水,有条件的可采用地下水灌溉。高速公路、铁路等防风林带,采用地下水灌溉充分考虑地陷沉降,井位选择距离安全地段。

(三)管网规划布置

防护林灌溉工程管网规划是管道系统规划中的关键部分,管网布置得合理与否,对工程投资、运行状况和管理维护有很大影响。因此在规划设计时充分考虑选择合理的规划,确定最佳滴头流量和灌水模式,优化方案,对比各种管材对造价的影响。

二、常见防护林滴灌系统模式

防护林滴灌工程一般包括水源工程、首部加压及多级加压设备、过滤装置、安全防护装置、施肥装置、地下管网、地面管网、灌水器等。

防护林建设是一项长久生态建设工程,涉及路线长,地理条件复杂,因此对灌溉设备和管材质量要求比较高,针对防护林不同作用,防护林灌溉工程其地面管网通常采用浅埋方式,灌水器较多选用压力补偿式滴头或小管出流。简易示例图 12-12 如下。

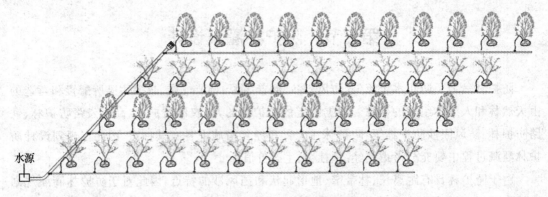

图 12-12　防护林管网布置模式

第四节　山地滴灌系统设计

山地滴灌系统是滴灌系统规划设计中较为复杂的滴灌设计,较多为果树灌溉或经济价值较高树木,在规划设计过程中应从以下方面重点考虑:

▶ 一、现场勘测时要注意事项

1.地形及落差情况

山地地形一般相对复杂,山丘、沟谷、梁坡都是山地的组成部分。各种地形要勘测清楚,以便设计和施工。规划区的落差一般较大,要掌握规划区落差的确切数据,在设计工作中要据此来确定水泵扬程,在山丘区有较大的自然水头,可以利用水头落差发展滴灌。

2.水源及水质情况

比如南方果园中的水塘和小型水库多为雨水汇集而成,还担负着鱼类养殖和禽类养殖的任务。所以水质和水量不一定能够保证滴灌系统使用,在勘测时尽量选取水量充沛水质较好的水源。一般要求能够持续供水,水中微生物、藻类、鱼类、有机物、落叶、杂草要尽量少,水质要达到滴灌系统的要求。山涧沟壑蓄水坑、涝坝,要考虑山洪带来泥沙含量。必要时在高处修建蓄水池时,需设计保证调蓄水量。

3.规划区的建设情况

勘测时要充分了解规划区建设情况,首先是作物或树木的品种、生物学特性。其次是树木的种植方向,是否沿等高线种植。树木的株距及行距,树龄的大小,是果树类要考虑是否进入盛果期等。

4.当地的气候情况

充分掌握当地一年四季的气候情况,包括雨季及旱季的分布,旱期的持续时间、年、月的平均温度、最高温度、平均蒸发量及最高蒸发量等。据此为设计工作做基础。

总之,在勘测现场时要做到处处走到。掌握规划区的第一手材料,必要时要请有关部门协助,对规划区的数据进行实测,切勿敷衍。

滴灌工程规划设计

二、滴灌系统设计及材料预算

1. 滴灌系统选型

根据当地的实际情况及树木的树种、树龄,选择一种适宜的滴灌形式非常重要,具体原则是:

(1)系统要安全稳定,系统不仅能够满足使用要求,更重要的是系统要安全稳定地运行,这样才能保证果树的优质高产。切忌选择存在不安全隐患及抗外界干扰能力差的滴灌系统。

(2)系统配置合理,根据实地情况合理配置滴灌系统,尽量降低成本。各种管路、设备选型要切合实际,各种安全、保护设施安装齐全。另外,要尽量做到系统配置的人性化,让使用者能够轻松顺利的进行操作。

(3)系统要节能降耗,在系统正常运行的前提下,通过设计优化与合理选择水泵、主管、支管、灌水器等措施,使系统达到节能较好的要求。从而也可以降低运行成本,提高系统利用率。并根据实地情况,在每段管路起伏的最低点设置放空阀,最高点设置进排气阀。

(4)因地制宜地合理地选择微灌形式,各地自然条件差异较大,山区、丘陵、南方、北方、气候、土壤、作物等都各不相同,应贯彻因地制宜的原则。近期发展与远景规划相结合,使微灌工程建成一处,用好一处,尽快发挥工程效益。

2. 滴头选型

滴头必须根据作物需水量给作物根区提供充分的水,一般情况下作物根层体积的1/3~3/4应得到充分湿润。若根部土体湿润比较大,这一设计就安全可靠。但湿润比太大,滴灌的许多优点将会消失,因此,必须正确地选择土壤湿润比。土壤湿润比与滴头的流量、灌溉持续时间、灌水器间隔以及土壤类型有关。滴头的选择原则如下。

(1)流量符合设计要求,组合后既能满足作物的需要,又不产生深层渗漏与径流。每个滴头的流量不可太小,但也不能太大,一般山地选在 5~8 L/h 较为适宜,此种情况下流量对压力和温度变化的敏感性较小。

(2)工作可靠、不易堵塞,一般要求流量孔口大,出流流速大。

(3)性能规格整齐划一,制造误差宜小于 7%。

(4)结构简单,价格便宜。

3. 滴灌系统设计

山地滴灌系统在严格按照规范设计的前提下,还要根据实地情况随机做出调整。

(1)首部确定 山地规划区一般地形起伏较大,而且水源多在最低点,在设计时首先要根据实际情况(地理条件、客户的经济条件等)确定是直接提水进入管道灌溉还是提水至规划区最高点,在最高点修建蓄水池,利用地形落差采用自压的方式灌溉。一般规划滴灌系统较小或者规划区内没有适宜高度的高点时,可以采用直接提水进入管道灌溉。而系统较大或者高点满足要求时尽量采取自压滴灌,可以有效降低运行成本及系统维修费用,而实现自压灌溉,要求地形落差至少 20 m,如果水源和规划灌区没有这么大的地形高差,就不能实现完全的自压滴灌,需要水泵加压。

(2)系统设计 根据现行规范及当地的气候条件,果树生长所需条件等确定滴灌系统各个参数。通过水力计算来确定管径大小、管道铺设长度、灌水器类型及出水量、水泵扬程及流量、动力机配套功率以及相应的变压器功率、泵房尺寸等。

山区地形地貌复杂,往往不能用单一的基本布置解决管道系统的布置问题,总体上管道系统应以山脊、山坡为单元考虑管系的布置和管道分级,输水干管沿山脊线布置,分干管斜插或顺坡布置,沿分干增设出水口,支管多为垂直等高线。

自压山地滴灌系统中输水主干管必须满足下一级管道所需的入口压力,干管通常沿等高线布置,这时地面坡度影响不大,有时沿山脊或缓坡向下布置,利用地形落差补偿水头损失。在滴灌设计时,输水主干管首末的地形高差扣除输水水头损失必须大于计算得到要求的输水主干管末端压力,在获得相同压力的情况下,如果地面坡度陡,则输水管较短,或可用较小的管径,因此最理想的发展自压滴灌的地形是水源至规划区地面坡度较陡,而规划区地面较平坦的地形。自压滴灌系统的管道水力计算与一般管道式滴灌系统基本相同。

(3)灌水小区的划分 山地地形起伏较大,地貌表面积的计算很难计算准确,尤其每个灌水小区面积很难界定,这样很容易造成不同轮灌小区压力变化较大,实践证明在铺设毛管时,单位面积上滴头数量和流量不同,滴头流量又受压力的大小,流量有变化,导致灌水小区压力偏差较大,造成灌水不均匀。因此,鉴于地形条件复杂的地形,单位面积滴水量较难确定的地块,可采取两种办法解决,对于滴头间距固定的滴灌管,试算灌水小区滴头数量和水量,按照滴灌管长度分配灌水小区;对于现场安装滴头的滴灌管,试算灌水小区滴头数量确定小区灌水量,按照滴头数量分配灌水小区。

4. 水锤压力验算与防护

在有压管道中,由于管内流速突然变化而引起管道中水流压力急剧上升或下降的现象,称为水锤。在水锤发生时,管道可能因内水压力超过管材公称压力或管内出现负压而损坏管道。在山地滴灌设计时,充分考虑水锤压力验算与防护。

在低压管道系统中,由于压力较小,管内流速不大,一般情况下水锤压力不会过高。因此,在低压管道中,只要严格按照操作规程,并配齐安全保护装置,可不进行水锤压力计算。但对于规模较大的低压管道输水灌溉工程和山地滴灌系统设计时,应进行水锤压力验算。

(1)水锤压力的计算 水锤波传播速度为:

$$C=\frac{\sqrt{K\frac{g}{\gamma}}}{\sqrt{1+\frac{Kd}{Ee}}}=\frac{1\ 435}{\sqrt{1+\alpha\frac{d}{e}}} \tag{12-19}$$

式中:C 为均质圆形薄壁管 $\left(e/d<\frac{1}{20}\right)$ 水锤波传播速度(m/s);d 为管径(m);e 为管壁厚度(m);$\sqrt{K\frac{g}{\gamma}}$ 为声波在水中的传播速度,随温度和压力的升高而加大,一般取 1 435 m/s;K 为水的体积弹性模数,随水温和水压的增加而增大,2 533 kPa (25 atm)以下,水温为 10℃时,$K=2.025\times10^6$ kN/m² (kN/m²);α 为系数(kN/m²),$\alpha=K/E$,E 为管材纵向弹性模数;g 为重力加速度,取 9.81 m/s²。

不同管材的 α、E 值见表 12-11。

表 12-11 各种管材纵向弹性模数 E 值及 α 值表

管材	钢管	铸铁管	球墨铸铁管	混凝土管	钢筋混凝土管	钢丝网水泥管
$E/(\text{kN/m}^2)$	206×10^6	108×10^6	151×10^6	20.58×10^6	20.58×10^6	20.58×10^6
$\alpha=K/E$	0.01	0.019	0.013	0.098	0.098	0.098

管材	铝管	聚丙烯管	石棉水泥管	聚乙烯管	硬聚氯乙烯管	有机玻璃管
$E/(\text{kN/m}^2)$	69.58×10^6	78.4^*	32.34×10^6	$(1.4\sim2)\times10^6$	$(2.8\sim3)\times10^6$	$(4.9\sim9.8)\times10^6$
$\alpha=K/E$	0.029	2.6×10^4	0.063	$(1.446\sim1.013)$	$(0.723\sim0.675)$	$(0.413\sim0.207)$

注：* 温度 $t=20℃$。

（2）水锤相时和类型判别 水锤波在管路中往返一次所需的时间,即一个水锤相时,按下式(12-20)计算;根据阀门关闭时与水锤相时可确定水锤类型,即直接水锤或间接水锤,当阀门关闭等于或小于一个水锤相时称为瞬时关闭,所产生的水锤为直接水锤,反之称为缓慢关闭,此时产生的水锤为间接水锤。直接水锤产生的压力水头要比间接水锤大得多。

$$T_t=\frac{2L}{C} \tag{12-20}$$

式中：T_t 为水锤相时(s)；L 为计算管段管长(m)。

当关阀历时大于 $40L/C=20T_t$ 时可不验算关阀水锤压力,否则应该验算关阀水锤压力。

（3）管道中水柱惯性时间常数

水柱惯性时间常数按下式计算

$$T_b=\frac{Lv_0}{gH_0} \tag{12-21}$$

式中：T_b 为水柱惯性时间常数(s)；v_0 为关阀前管道内的流速(m/s)；H_0 为关阀前管道内的压力水头(m)；其余符号意义同前。

（4）水锤水头

直接水锤水头
$$H_d=\frac{Cv_0}{g}=\frac{2Lv_0}{gT_t} \tag{12-22}$$

间接水锤水头
$$H_i=\frac{2Lv_0}{g(T_t+T_g)} \tag{12-23}$$

式中：H_d 为直接水锤水头(m)；v_0 为闸阀前水的流速(m/s)；H_i 为间接水锤水头,关阀为正,开阀为负(m)；T_g 为关闭阀门时间(s)；其余符号意义同前。

直接水锤压力值的大小只与流速变化的绝对值和水管的水锤波速有关,而与开度变化的速度、变化规律和水管长度无关。

①瞬时完全关闭管道末端(下游)阀门时,在阀前产生的最高压力水头为

$$H_{max}=H_e+H_d \tag{12-24}$$

式中：H_e 为阀门前的静水头或初始压力水头(m)；其余符号意义同前。

②瞬时部分关闭管道末端(下游)阀门时,在阀前产生的最高压力水头为

$$H_{max} = H_e + C\frac{\upsilon_0 - \upsilon_1}{g} \qquad (12\text{-}25)$$

式中：υ_1 为瞬时部分关阀后管内产生的流速（m/s）；其余符号意义同前。

③缓慢关闭自压或恒压滴灌系统末端（下游）阀门时，在阀前产生的最高压力水头按下式计算：

$$H_{max} = H_e + \frac{H_e}{2}\frac{T_b}{T_s}\left[\frac{T_b}{T_s} + \sqrt{4 + \left(\frac{T_b}{T_s}\right)^2}\right] \qquad (12\text{-}26)$$

式中：T_s 为阀门关闭历时（s）；其余符号意义同前。

在山地滴灌系统中，对于下坡干管的最高与最低水锤压力，一般是在迅速关闭或开启管道末端闸阀时产生，故应以此作为验算管道强度和是否需要采取防护措施的依据。

（5）防止水锤压力的措施　水锤压力计算公式表明：影响水锤压力的主要因素有阀门启闭时间、管道长度和管内流速。滴灌系统运行（包括缓闭阀门）时一般不会产生过大的水锤压力，但在瞬间关闭或水泵突然停泵时，管道内可能出现较大的水锤压力，因此，可针对以上因素采取安装水锤防护措施消除水锤压力，防止对管道造成破坏，也可以通过在管道工程设计和运行管理中降低管内最大流速和在运行中缓慢开启或关闭阀门加以缓解，一般采用的水锤防护措施主要有以下几种。

①操作运行中应缓慢启闭阀门以延长阀门启闭时间，从而避免产生直接水锤并可降低间接水锤压力；②由于水锤压力与管内流速成正比，因此在设计中应控制管内流速不超过最大流速限制范围；③安装安全阀和空气阀，设置镇墩，在干管或分干管上低洼处和上坡的坡脚处等位置设置安装安全阀，其作用是水锤发生时可以急速打开，释放出管道中部分水量，从而消除水锤压力，相当于将瞬时关闭状态变为缓慢关闭状态。在管道驼峰处安装空气阀，既可在正常运行时排除管道中的空气，保证管道内是单向流，不致出现更为严重的水锤，同时还可在管道内出现负压时补气，防止负压水锤。为防止发生水锤时管道发生位移和破坏，一般在管道的转弯和分流处设置镇墩。

5. 滴灌材料预算

山地果园地形复杂，在图纸设计时难免会有出入，因而在材料预算时用量不多的首部、量测、安全装置可正常预算。而各种管道、管件、灌水器等一定要给足余量，以免施工时造成材料不足。根据施工的经验，上述材料放大系数在 1.1～1.2 之间为宜。另外各种施工工具一定要在材料预算之内，且要根据系统的大小合理配备，保证施工顺利进行。

第五节　较大控制面积的滴灌系统设计

滴灌系统是从首部枢纽到田间全部为管道化输水，因此灌溉面积受到一定限制，1984年美国阿里桑那州最大的棉花农场——佩洛马农场建成了世界上最大的滴灌系统，总面积60 675亩，全部灌溉棉花，总共用了2 200万个滴头，管道总长度213万米，从水源到田间输水路程长达193 km。新疆生产建设兵团第十四师皮墨垦区建成目前国内最大滴灌系统，有效灌溉面积20余万亩。

较大控制面积的滴灌系统往往根据区域灌溉面积和可用灌溉水量确定,目前滴灌系统控制面积大小没有严格意义上的划分,通常沿用水利水电工程灌溉面积大小划分,从水库总库容、灌溉面积等指标,也有按照灌区的分级标准划分:30万亩及30万亩以上的为大型灌区;30万亩以下1万亩以上的为中型灌区;1万亩以下的为小型灌区。一般认为大于0.5万亩以上的滴灌系统为较大控制面积的滴灌系统。

较大面积的滴灌系统与小面积的滴灌系统设计有很大不同,合理利用水资源,优化水资源配置,加强水资源保护和生态体系保护与建设,加强水资源的统一调度和管理,生态保护是高效农业节水灌溉不可缺少的环节,水资源的供需平衡是较大面积滴灌系统设计的主要参考指标。较大面积滴灌系统的规划设计主要掌握以下内容:

一、规划设计注意事项

(一)气象资料

充分掌握当地一年四季的气候情况,包括雨季及旱季的分布,旱期的持续时间、年、月的平均温度、最高温度、平均蒸发量及最高蒸发量等,当地降水情况资料是拟定滴灌灌溉制度的重要参考资料之一,至少收集近期10年以上按旬或月统计的历年降水量或历年作物生育期的降水量,可到当地水利、气象部门收集,当没有当地降水量资料时,可使用附近降水条件相近地区的降水资料,据此为滴灌工程规划设计工作做参考。

(二)地形及地貌

较大控制面积的滴灌系统往往所涉及的区域较大,影响因素较多,地形条件相对复杂,因此前期勘测是非常重要的一项工作,对规划设计、工程施工和运行管理有很重要的意义。

(三)土壤质地

较大控制面积的滴灌系统的覆盖面积较大,灌区内地质地貌相对复杂,不同土壤适宜种植不同的作物,因此要对土壤或拟用基质的类别、容重、厚度、pH、田间持水率等进行收集,作为滴灌设计的主要技术指标。

(四)作物资料

收集拟栽培作物的种类、种植分布、种植面积、株行距、种植方向、生长期、日最大耗水量、产量及灌溉制度等。

(五)水源及水质情况

较大控制面积的滴灌系统灌溉水量较大,采用灌溉水需要严格计算水量平衡,合理利用水资源,确保满足农业灌溉水量的前提下还要考虑生态环境保护。较大控制面积的滴灌系统往往利用原有灌区灌溉水为水源,常见的是利用水库作为主要水资源,具备条件的可考虑自压,条件不能满足的选用加压系统。

(六)生产条件和社会经济资料

了解滴灌规划区自然状况包括自然地理条件与气象条件,经济社会状况、滴灌规划区域地质概况与工程地质概况、了解当地水文资料、水资源状况以及水利现状。

根据资料的收集和整理,论证工程的必要性和可行性,确定工程的规模和布置等,是较大面积滴灌工程规划设计的前提。

总之,在规划设计前,勘测现场时要做到处处走到,掌握规划区的第一手材料,必要时要请有关部门协助,对规划区的数据进行实测,切勿敷衍。

二、滴灌工程规划设计

(一)管网规划布置

较大控制面积的滴灌系统往往水源与灌溉区较远,引水工程是一个重要的环节,水源在低处的要进行加压提水,甚至二次加压引水到田间。水源在高处的,输水距离较近的可直接采用管道输水至灌溉区,距离较远的,为了节约投资可在距离灌溉区较近的地方修建蓄水池或沉淀池再通过管道输水到灌溉区。因此,滴灌管网规划是管道系统规划中的关键部分,管网布置的合理与否,对工程投资、运行状况和管理维护有很大影响。因此在规划设计时充分考虑选择合理的规划,确定最佳滴头流量和灌水模式,优化方案。

(二)确定设计参数

有关微灌系统水力学性能的设计参数主要有设计工作压力、微灌均匀度、流量偏差率和压力偏差率。

1. 设计工作压力

根据所用灌水器的工作压力范围,选择确定灌水器的设计工作压力,此时灌水器的流量为设计流量。设计工作压力应在生产商提供的最大工作压力和最小工作压力范围内,一般是灌水器的额定工作压力或在该值附近。常用灌水器的大致设计工作压力为:滴灌带为50 kPa,滴灌管为100 kPa,微喷头为200 kPa,微喷带为50 kPa。

2. 微灌均匀度

为保证微灌的灌溉效果,同一轮灌区内灌水器的平均流量应与其设流量基本一致,即要求保证微灌的均匀度。用克里斯琴森(Christiansen)均匀系数来表示。

微灌系统的灌溉均匀度应在90%以上。

3. 流量偏差率与压力偏差率

微灌的均匀系数与灌水器的流量偏差率存在着一定的关系。

灌水器的流量偏差率主要由该轮灌区灌水器的工作压力偏差造成,流量偏差率越小,灌水均匀度越高,但设备的投资也越高。为保证灌溉均匀度,一般要求取系统的流量偏差率不大于30%。采用轮灌区分别进行微灌时,每个轮灌区相当于一个独立的微灌系统,各轮灌区的流量偏差率都应该在规定的范围内。

从微灌系统的设计角度看,要保证某一轮灌区内流量偏差率在规定范围内,需要通过保证该灌区内各灌水器的工作压力偏差率在一定范围内来实现。压力偏差是由于管道的阻力和地面高差等因素造成的,进行微灌系统设计时就是要通过对供水管道进行合理的布置计算各级管径大小等措施,使微灌系统灌水器工作的压力偏差率控制在规定范围内。

(三)确定微灌系统的工作方式

1. 灌溉制度

灌溉制度是指作物全生育期或全年生长中每一次灌水量、灌水周期(灌水时间间隔)、一次灌水延续时间、总灌水次数和总灌水量等指导作物灌溉的指标。作物灌溉制度与土壤类型、作物种类及其生长阶段、气候环境、用水条件等多种因素有关要精确制订较为困难,实际生产中可依据理论计算参考值,结合实际丰产灌水经验,确定灌溉措施。

2.灌水定额

灌水定额就是一次灌水量。一次灌水量 I 或每公顷一次灌水量采用式(12-1)估算,采用典型年作物生长期、平均日耗水量进行田间水量平衡分析灌水定额和灌溉定额。

微灌的一次灌水量取决于土壤性质、作物种类及其生长阶段、灌溉方式等多种因素,即使是同一种作物由于各生育阶段对水分的敏感性、根系发达的程度、天气情况等不同,所要求的一次灌水量也会有一定差别,因此实际进行微灌作业时,可采用当地农业部门提供资料,参照试验站资料进行分析,并采用附近具有代表性的试验站资料和有关成果分析确定,计算出一次灌水量的大致范围,再根据作物所处的具体情况灵活掌握。

3.灌水周期

灌水周期是指两次灌水之间的时间间隔,一般蔬菜灌水周期为 1~3 d,果树为 3~10 d,大田 5~7 d。通过估算灌水周期,作为确定下一次灌水时机的参考。灌水周期的理论公式依据式(12-4)计算。

4.一次灌水延续时间

一次灌水延续时间与微灌系统的水力性能和工作压力有关,依据式(12-5)计算。

5.灌水次数与灌溉定额

使用微灌技术,作物全生育期或全年的灌水次数比传统的地面灌溉多。灌溉定额依据式(12-6)计算。

6.轮灌区数量

为减少投资,提高设备利用率,充分利用有限的水源,微灌工程经常采用划分灌区轮流灌水的方式进行灌溉管理。尤其在灌区面积较大的微灌工程中,必须使用轮灌方式才能取得经济合理的投资。轮灌区数目依据式(12-7)计算。

轮灌区实际数量一般不得大于上述计算值。设计时应参照微灌系统的总体布置图,根据有关灌区管道的布置情况、操作和管理的方便性、水源流量、经济性等情况,确定实际的轮灌区数量。

必要时,还可以根据实际轮灌区的划分制订微灌工作制度,包括灌溉顺序和时间安排等。

第十三章　滴灌工程概算与经济评价

第一节　滴灌工程设计管理

▶ 一、限额设计

限额设计是指按照批准的可行性研究报告中的投资限额进行初步设计、按照批准的初步设计概算进行施工图设计、按照施工图预算造价编制施工图设计中各个专业设计文件的过程。限额设计主要从投资决策阶段、初步设计阶段、施工图设计阶段三个阶段开展工作。限额设计强调技术与经济的统一,需要工程设计人员和工程造价管理专业人员密切合作。

1. 滴灌工程设计程序

滴灌工程与大中型水利工程相比,相对来说比较简单,根据多年滴灌工程设计经验分析,其设计程序如下。

(1)规划、项目建议书及可行性研究　滴灌工程由于工程本身的建设特点,加之其中许多工程是对已有工程的改建、扩建,已经有一定的工程基础和设计基础,大多数滴灌项目其建设内容较单一、工程规模较小、投资不是很大、建设周期较短,因此有一些地区或项目把规划、项目建议书、可行性研究三个设计阶段并为一个设计阶段,即可行性研究阶段。这一阶段要将工程建设的必要性、是否具备建设的基本条件、工程位置、工程的规模论述清楚,进行方案的比较分析,推选出合理的建设方案,并将该项目在技术上是否先进、合理、可行适用,经济上是否合理、可行等作深入全面的论证,完成了三个阶段的设计任务,为项目的建设立项提供可靠的依据,同时为下一步的初步设计工作奠定了基础。

(2)初步设计及实施方案　滴灌工程初步设计主要确定灌区的范围、工程的总体规划布置、工程规模、管道初步定线、初步确定管径、工程量的估算、主要建筑物的位置和结构型式及尺寸、主要工程的施工方法、工程的管理机构和形式以及各种建筑材料的用量、设备选型及用量、主要经济技术指标、建设工期、资金来源等。

技施设计有些地方也叫实施方案,是根据初步设计和更详细的调查研究资料编制的,针对各项工程的具体施工,绘制施工详图。

有一些建设规模及投资规模较小的新建或现有灌区改、扩建工程将初步设计和施工图设计合二为一,即完成项目的实施方案。

2. 各设计阶段造价类型

滴灌工程建设设计各阶段由于工作深度不同、要求不同,故各阶段工程造价计算类型也不相同。要根据不同设计阶段的具体内容和有关定额、指标分阶段由设计单位进行编制,现行的工程造价计算类型主要有以下几种。

(1)投资估算 投资估算是在投资决策阶段,以方案设计或可行性研究文件为依据,按照规定的程序、方法和依据,对拟建项目所需总投资及其构成进行的预测和估计;是在研究并确定项目的建设规模、产品方案、技术方案、工艺技术、设备方案、厂址方案、工程建设方案以及项目进度计划等的基础上,依据特定的方法,估算项目从筹建、施工直至建成投产所需全部建设资金总额并测算建设期各年资金使用计划的过程,应充分考虑各种可能的需要、风险、价格上涨等因素,要打足投资,不留缺口,适当留有余地。投资估算的成果文件称作投资估算书,也简称投资估算。投资估算书是项目建议书或可行性研究报告的重要组成部分,是项目决策的重要依据之一。

投资估算的准确与否不仅影响到可行性研究工作的质量和经济评价结果,而且直接关系到下一阶段设计概算和施工图预算的编制,以及建设项目的资金筹措方案。

(2)设计概算 初步设计概算是初步设计阶段对工程造价的预测,它是设计单位为确定拟建设项目所需的投资额或费用而编制的工程造价文件,是初步设计文件的重要组成部分。

初步设计概算对建设工程造价不是一般的测算,而是带有定位性质的测算。初设概算经批准以后,是建设项目成本管理、成本控制的依据,也是确定和控制建设投资、编制建设计划、编制工程标底、实行建设项目包干、考核工程造价和验核工程合理性以及建设单位向银行贷款的依据。

由于滴灌工程建设期比较短,初设概算编制的时间与工程开工时间相隔较短,大多在同一年份,价格水平变化不大,因此初设概算不必调整。若工程开工时间与设计概算所采用的价格水平不在同一年分或相隔较长,按规定由设计单位根据开工年的价格水平和有关政策重新编制设计概算,这时编制的概算称为调整概算。调整概算仅仅是在价格水平和有关政策方面进行调整,工程规模及工程量与初步设计均保持不变。

(3)施工图预算 施工图预算是在施工图(实施方案)设计阶段对工程造价的计算,是根据施工图纸、施工组织设计、国家颁布的预算定额和工程量计算规则及编制规定、地区材料预算价格等,计算每项工程所需人力、物力和投资额的文件。它应在已批准的初步设计概算控制下进行编制,它是施工前组织物资、机具、劳动力、编制施工计划、统计完成工作量、办理工程价款结算、实行经济核算、考核工程成本、实行建筑工程包干和建设银行拨(贷)工程款的依据。它是施工图(实施方案)设计的组成部分,是由设计单位负责编制的。它的主要作用是确定单位工程项目造价,是考核施工图设计经济合理性的依据。

一般较大型或新建滴灌工程的工程造价进行三个设计阶段的编制,即可行性研究投资估算、初步设计概算和施工图预算。对于中、小型或改扩建滴灌工程,由于投资规模和现有工程基础等因素,其工程造价只进行两个设计阶段的编制,即投资估算和施工图预算。

▶ 二、设计方案的评价与优化

设计方案的评价与优化是设计过程的重要环节,它是指通过技术比较、经济分析和效益评价,正确处理技术先进与经济合理之间的关系,力求达到技术先进与经济合理的和谐统一。

1.设计方案评价与优化的基本程序

(1)按照使用功能、技术标准、投资限额的要求,结合工程所在地实际情况,探讨建立可能的设计方案;

(2)从所有可能的设计方案中初步筛选出各方面都较为满意的方案作为比选方案;

(3)根据设计方案的评价目的,明确评价的任务和范围;

(4)确定能反映方案特征并能满足评价目的的指标体系;

(5)根据设计方案计算各项指标及对比参数;

(6)根据方案评价的目的,将方案的分析评价指标分为基本指标和主要指标,通过价指标的分析计算,排出方案的优劣次序,并提出推荐方案;

(7)综合分析,进行方案选择或提出技术优化建议;

(8)对技术优化建议进行组合搭配,确定优化方案;

(9)实施优化方案并总结备案。

2.设计方案的评价指标体系

(1)使用价值指标,即工程项目满足需要程度(功能)的指标;

(2)反映创造使用价值所消耗的社会劳动消耗量的指标;

(3)其他指标。

对建立的指标体系,可按指标的重要程度设置主要指标和辅助指标,并选择主要指标进行分析比较。

设计方案的评价方法主要有多指标法、单指标法以及多因素评分法。

▶ 三、概预算文件的审查

设计概预算文件是确定建设工程造价的文件,是工程建设全过程造价控制、考核工程项目经济合理性的重要依据。概预算文件的审查包括设计概算的审查和施工图预算的审查。

1.设计概算的审查

设计概算的审查是确定建设工程造价的一个重要环节。通过审查,能使概算更加完整、准确。

设计概算的审查意义主要是能促进设计单位严格执行国家、地方、行业有关概算的编制规定和费用标准,提高概算的编制质量;促进设计的技术先进性与经济合理性;促进建设工程造价的确定准确、完整,避免出现任意扩大建设规模和漏项的情况,缩小概算与预算之间的差距。

设计概算的审查内容包括概算编制依据、概算编制深度及概算主要内容三个方面。

设计概算的审查方法有对比分析法、主要问题复核法、查询核实法、分类整理法、联合会审法。

2.施工图预算的审查

对施工图预算进行审查,有利于核实工程实际成本,更有针对性地控制工程造价。

施工图预算的审查重点应审查:工程量的计算;定额的使用;设备材料及人工、机械价格的确定;相关费用的选取和确定。

施工图预算审查的方法通常可采用全面审查法、标准预算审查法、分组计算审查法、对比审查法、筛选审查法、重点抽查法、利用手册审查法、分解对比审查法。

总之,设计概预算的审查作为设计阶段造价管理的重要组成部分,需要有关各方积极配合,强化管理,从而实现基于建设工程全寿命期的全要素集成管理。

第二节　滴灌工程计量与计价

▶ 一、工程量的计算标准

工程量是编制概(估)预算的基本要素之一,工程量计算的准确性是衡量设计概(估)预算质量好坏的重要标志之一。工程量是指以物理计量单位或自然计量单位所表示的分部分项工程项目和措施项目的数量,是确定建筑安装工程造价,承包方生产经营管理以及发包方管理的重要依据。

1.工程量计算的依据

(1)经审定的施工设计图纸及其说明。

(2)工程施工合同、招标文件的商务条款。

(3)经审定的施工组织设计(项目管理实施规划)或施工技术措施方案。

(4)工程量计算规则。

(5)经审定的其他有关技术经济文件。

2.工程量计算的原则

(1)列项要正确,严格按照规范或有关定额规定的工程量计算规则计算工程量,避免错算。

(2)工程量计量单位必须与工程量计算规范或有关定额中规定昨计量单位相一致。

(3)计算口径要一致。根据施工图列出的工程量清单项目的口径必须与工程量计算规范中相应清单项目的口径相一致。

(4)按图纸,结合工程的具体情况进行计算。

(5)工程量计算精度要统一,要满足规范要求。

3.工程量的计算规则

按施工图图示尺寸(数量)计算工程实体工程数量的净值。

4.工程量的计量单位

计量单位应采用基本单位。如质量以"t"或"kg"为单位,长度以"m"为单位,面积以"m²"为单位,体积以"m³"为单位,自然计量的以"个、件、根、组、套、台等"为单位,没有具体数量的项目以"宗、项等"为单位。

有两个或两个以上计量单位的,应结合拟建工程项目的实际情况,选择其中一个确定,在同一个工程项目(或标段、合同段)中,有多个单位工程的相同项目计量单位必须保持一致。

不同的计量单位汇总后的有效位数也不相同,根据规范规定,工程计量时每一项目汇总的有效位数应遵守下列规定:

（1）以"t"为单位，应保留小数点后三位数字，第四位小数四舍五入。

（2）以"m"、"m²"、"m³"、"kg"为单位，应保留小数点后两位数字，第三位小数四舍五入。

（3）以"个"、"件"、"根"、"组"、"系统"为单位，应取整数。

5.滴灌工程工程量的计算

滴灌工程分项组成有：水源和取水工程、输配水管网、电力配套、土地平整和其他附属工程。

滴灌工程的工程量可划分为设计工程量和施工变化量两种。

（1）设计工程量　设计工程量由图纸工程量和设计阶段扩大工程量组成。图纸工程量指按设计图纸计算出来的工程量，设计阶段扩大工程量指由于可行性研究阶段和初步设计阶段勘测、设计工作的深度有限，有一定的误差，为留有一定的余地而设置的工程量，可按图纸工程量乘设计阶段系数来计算。可行性研究、初步设计阶段的系数应采用《水利水电工程设计工程量计算规定》中"设计工程量计算阶段系数表"的数值。施工图（实施方案）阶段设计工程量就是图纸工程量，不再保留设计阶段扩大工程量。滴灌工程中一般可将图纸工程量作为设计工程量。

（2）施工变化量　施工变化量指为保证工程质量，由于施工方法、施工技术、管理水平和地质条件等因素造成的施工增加量（超挖、超填、施工附加量）以及施工损失量（体积变化、运输及操作损耗、其他损耗）。

水利部现行概算定额已计入合理的超挖量、超填量，故采用概算定额编制概（估）算时，工程量不应计入这两项工程量。水利部颁现行预算定额中均未计入这两项工程量，故采用预算定额编制概（估）预算时，应将这两项合理的工程量，采用相应的超挖、超填预算定额，摊入定额中，而不是简单的乘以这两项工程量的扩大系数。

水利部颁现行概、预算定额中均已计入了施工变化量。

▶ 二、工程计价的标准

工程计价是指按照规定的程序、方法和依据，对工程造价及其构成内容进行估计或确定的行为。

1.工程计价基本原理

工程造价计价的主要思路就是将建设项目细分至最基本的构造单元，找到了适当的计量单位及当时当地的单价，就可以采取一定的计价方法，进行分部组合汇总，计算出相应工程造价。工程计价的基本原理就在于项目的分解与组合。

工程计价的基本原理可以用公式的形式表达如下：

$$分部分项工程费 = \sum[基本构造单元工程量（定额项目或清单项目）\times 相应单价]$$

2.工程计价标准和依据

工程计价标准和依据主要包括计价活动的相关规章规程、工程量清单计价和计量规范、工程定额和相关造价信息。

3.工程计价基本程序

工程计价的基本程序主要包括工程概预算编制的基本程序以及工程量清单计价的基本程序两个方面。

4.工程计价的内容

工程计价包括工程单价的确定和总价的计算。

第三节　滴灌工程概算编制

滴灌工程一般为中小型水利工程,其概算的编制一方面应符合水利工程的一般要求,另一方面,滴灌工程的主要投资一般为设备和材料等项目的投资,土建工程在投资中所占的比重较小,因此概算的重点应放在设备和材料的采购和安装上。

▶ 一、编制的依据

概算文件编制的依据是:

(1)国家及省(自治区、直辖市)颁发的有关法令法规、制度、规程。

(2)水利工程设计概(估)算编制规定。

(3)水利行业主管部门颁发的概算定额和有关行业主管部门颁发的定额。

(4)水利水电工程设计工程量计算规定。

(5)初步设计文件及图纸。

(6)有关合同协议及资金筹措方案。

(7)其他。

▶ 二、概算文件的组成内容

为有效控制工程造价,加强经济技术指标积累和建设数据统计汇总,提高工程建设管理水平,概算文件必须标准、规范。概算文件的编制是根据各阶段主管部门规定的组成内容,项目划分和计算方法进行的,内容应完整,表式应简明。

概算文件包括设计概算报告(正件)、附件、投资对比分析报告。

1.概算正件组成内容

(1)编制说明　编制说明是概算文件的文字叙述部分,应扼要说明工程概况、投资主要指标、编制原则和依据、主要经济技术指标以及应说明的其他问题,编制说明包括以下内容。

①工程概况　工程概况是初步设计报告内容的概括介绍,其内容包括所处流域、河系及新建地点,对外交通条件、施工用水、用电、通信条件、主要材料供应情况、工程规模、灌溉面积、工程效益、工程布置形式等。主体建筑工程量,一般要按土石方开挖、土石方填筑、混凝土、钢筋制造安装、输水设备、管材量等分项汇总。主要材料用量一般按水泥、钢材、木材、柴(汽)油等主要材料汇总。要说明施工总工期、施工总工日、施工平均人数和高峰人数、资金来源构成和比例等。

②投资主要指标　投资主要指标包括:工程总投资和静态总投资,年度价格指数,基本预备费率,建设期融资额度、利率和利息等。

③概算编制原则和依据

a. 概算编制原则和依据。

b. 人工预算单价,主要材料,施工用电、水、风以及砂石料等基础单价的计算依据。

c. 主要设备价格的编制依据。

d. 建筑安装工程定额、施工机械台时费定额和有关指标的采用依据。

e. 费用计算标准及依据。

f. 工程资金筹措方案。

编制依据是重点部分,应做较为详细的说明

④主要技术经济指标

a. 河系流域、建设地点、建设单位和设计单位。

b. 工程特性:简要说明滴灌的模式及特性。

c. 主要工程量:土石方开挖、填筑、混凝土、输水管材设备量等。

d. 主要材料用量:水泥、钢材、木材、汽油、柴油等。

e. 工期与全员人数:施工总工期、施工总工日、施工高峰人数和平均人数。

f. 投资与经济指标:工程静态总投资和总投资、工程单位亩投资、年价格指数、资金来源和投资比例、融资利率等。

主要技术经济指标应采用文字或表格表述。

⑤应说明的其他问题　主要说明编制中的遗留问题,可能影响今后投资变化的因素,以及对一些问题的看法和处理意见。

(2)工程概算总表　工程概算总表应汇总工程部分、建设征地移民补偿、环境保护工程、水土保持工程总概算表。

工程概算总表由工程部分的总概算表与建设征地移民补偿、环境保护工程、水土保持工程的总概算表汇总并计算而成。表中:

Ⅰ为工程部分总概算表,按项目划分的五部分填表并列示至一级项目。

Ⅱ为建设征地移民补偿总概算表,列示至一级项目。

Ⅲ为环境保护工程总概算表。

Ⅳ为水土保持工程总概算表。

Ⅴ包括静态总投资(Ⅰ~Ⅳ项静态投资合计)、价差预备费、建设期融资利息、总投资。见表13-1。

表 13-1　工程概算总表　　　　　　　　　　　　　　　　　　　　万元

序号	工程或费用名称	建安工程费	设备购置费	独立费用	合计
Ⅰ	工程部分投资 第一部分建筑工程 第二部分机电设备及安装工程 第三部分金属结构设备及安装工程 第四部分施工临时工程 第五部分独立费用 一至五部分投资合计 基本预备费 静态投资				

滴灌工程规划设计

序号	工程或费用名称	建安工程费	设备购置费	独立费用	合计
Ⅱ	建设征地移民补偿投资				
一	农村部分补偿费				
二	城(集)镇部分补偿费				
三	工业企业补偿费				
四	专业项目补偿费				
五	防护工程费				
六	库底清理费				
七	其他费用				
	一至七项小计				
	基本预备费				
	有关税费				
	静态投资				
Ⅲ	环境保护工程投资静态投资				
Ⅳ	水土保持工程投资静态投资				
Ⅴ	工程投资总计(Ⅰ～Ⅳ合计)				
	静态总投资				
	价差预备费				
	建设期融资利息				
	总投资				

(3)工程部分概算表和概算附表

①概算表

a.工程部分总概算表　工程部分概算表包括工程部分总概算表、建筑工程概算表、设备及安装工程概算表、分年度投资表、资金流量表。按项目划分的五部分填表并列示至一级项目。五部分之后的内容为:一至五部分投资合计、基本预备费、静态投资。见表 13-2。

b.建筑工程概算表　按项目划分列示至三级项目。本表适用于编制建筑工程概算、施工临时工程概算和独立费用概算。见表 13-3。

c.机电设备及安装工程概算表　按项目划分列至三级项目,并列明设备规格型号。见表 13-4。

d.金属结构设备及安装工程概算表　同机电设备。

e.施工临时工程概算表　同建筑工程概算表。

f.独立费用概算表　按项目划分列至二级项目,个别项目列至三级项目。同建筑工程概算表。

g.分年度投资表　分年度投资是按照施工组织设计确定的施工进度和合理工期来计算各年度完成的投资额,分年度投资表可视不同情况按项目划分列至一级或二级项目。见表 13-5。

h.资金流量表(枢纽工程)　该表的编制以分年度投资表为依据,按建筑安装工程、永久设备和独立费用 3 种类型分别计算,可视不同情况按项目划分列至一级或二级项目。见表

13-6。

②概算附表

为便于校核和审查,便于对比分析,概算正文需要编制各类汇总表。

a.单价汇总表　包括建筑工程单价汇总表、安装工程单价汇总表。见表13-7、表13-8。

b.基础价格汇总表　包括材料预算价格汇总表,施工机械台时费汇总表。见表13-9、表13-10、表13-11。

c.其他汇总表　包括主要工程量汇总表,主要材料用量、工日数量汇总表等。见表13-12、表13-13、表13-14。

d.汇总主要机泵设备用量、主要输水管材的用量。

2.概算附件组成内容

附件是概算文件的重要组成部分,内容繁多,篇幅较多,一般独立成册。附件各项基础价格及费用计算的准确程度直接影响总投资的准确和编制质量,是审查概算的切入点。

附件包括以下内容。

(1)基础价格计算书(表)　这类计算书(表)是编制工程单的基础价格,主要有:

①人工预算单价计算表　见表13-15。

②主要材料运输费用计算表　见表13-16、表13-17。

③施工用电、水、风价格计算书(附计算说明)。

④砂石料单价计算书。

⑤混凝土材料单价计算表　见表13-18。

(2)工程单价计算表　这类计算表是编制建筑及安装工程概算的基础,是附件的主要组成部分,它包括:

①建筑工程单价计算表　见表13-19。

②安装工程单价计算表　见表13-20。

(3)其他计算书(表)　这类计算书(表)有的是编制概算过程中需要按照现行规定确定的费用(表13-21),包括:

①主要设备运杂费计算书。

②临时房屋建筑工程投资计算书。

③各项独立费用计算书。

④价差预备费计算表。

⑤建设期融资利息计算书。

⑥其他需要增设的计算书(表)。

此外,还有计算人工、材料、设备预算价格和费用依据的有关文件、询价资料及其他。

3.投资对比分析报告

应从价格变动、项目及工程量调整、国家政策性变化等方面进行详细分析,说明初步设计阶段与可行性研究阶段(或可行性研究阶段与项目建设书阶段)相比较的投资变化原因和结论,编写投资对比分析报告。工程部分报告应包括以下附表:

(1)总投资对比表(表13-22)。

(2)主要工程量对比表(表13-23)。

(3)主要材料和设备价格对比表(表13-24)。

（4）其他相关表格。

投资对比分析报告应汇总工程部分、建设征地移民补偿、环境保护、水土保持各部分对比分析内容。

注：

（1）设计概算报告（正件）、投资对比分析报告可单独成册，也可作为初步设计报告（设计概算章节）的相关内容。

（2）设计概算附件宜单独成册，并应随初步设计文件报审。

表13-2 工程部分总概算表   万元

序号	工程或费用名称	建安工程费	设备购置费	独立费用	合计	占一至五部分投资比例/%
	各部分投资					
	一至五部分投资合计					
	基本预备费					
	静态总投资					

表13-3 建筑工程概算表

序号	工程或费用名称	单位	数量	单价/元	合计/万元

表13-4 设备及安装工程概算表

序号	名称及规格	单位	数量	单价/元		合计/万元	
				设备费	安装费	设备费	安装费

表13-5 分年度投资表   万元

序号	项目	合计	建设工期/年						
			1	2	3	4	5	6	…
I	工程部分投资								
一	建筑工程								
1	建筑工程								
	×××工程（一级项目）								
2	施工临时工程								
	×××工程（一级项目）								

序号	项目	合计	建设工期/年						
			1	2	3	4	5	6	…
二	安装工程								
1	机电设备安装工程								
	×××工程(一级项目)								
2	金属结构设备安装工程								
	×××工程(一级项目)								
三	设备购置费								
1	机电设备								
	×××设备								
2	金属结构设备								
	×××设备								
四	独立费用								
1	建设管理费								
2	工程建设监理费								
3	联合试运转费								
4	生产准备费								
5	科研勘测设计费								
6	其他								
	一至四项合计								
	基本预备费								
	静态投资								
Ⅱ	建设征地移民补偿投资								
	……								
	静态投资								
Ⅲ	环境保护工程投资								
	……								
	静态投资								
Ⅳ	水土保持工程投资								
	……								
	静态投资								
Ⅴ	工程投资总计(Ⅰ～Ⅳ合计)								
	静态总投资								
	价差预备费								
	建设期融资利息								
	总投资								

表 13-6　资金流量表　　　　　　　　　　　　　　　　万元

序号	项目	合计	建设工期/年						
			1	2	3	4	5	6	…
Ⅰ	工程部分投资								
一	建筑工程								
(一)	建筑工程								
	×××工程(一级项目)								
(二)	施工临时工程								
	×××工程(一级项目)								
二	安装工程								
(一)	机电设备安装工程								
	×××工程(一级项目)								
(二)	金属结构设备安装工程								
	×××工程(一级项目)								
三	设备购置费								
	……								
四	独立费用								
	……								
	一至四项合计								
	基本预备费								
	静态投资								
Ⅱ	建设征地移民补偿投资								
	……								
	静态投资								
Ⅲ	环境保护工程投资								
	……								
	静态投资								
Ⅳ	水土保持工程投资								
	……								
	静态投资								
Ⅴ	工程投资总计(Ⅰ～Ⅳ合计)								
	静态总投资								
	价差预备费								
	建设期融资利息								
	总投资								

表 13-7　建筑工程单价汇总表

单价编号	名称	单位	单价/元	其中							
				人工费	材料费	机械使用费	其他直接费	间接费	利润	材料补差	税金

表 13-8　安装工程单价汇总表

单价编号	名称	单位	单价/元	其中								
				人工费	材料费	机械使用费	其他直接费	间接费	利润	材料补差	未计价装置性材料费	税金

表 13-9　主要材料预算价格汇总表

序号	名称及规格	单位	预算价格/元	其中			
				原价	运杂费	运输保险费	采购及保管费

表 13-10　其他材料预算价格汇总表

序号	名称及规格	单位	原价/元	运杂费/元	合计/元

表 13-11　施工机械台时费汇总表

序号	名称及规格	台时费/元	其中				
			折旧费	修理及替换设备费	安拆费	人工费	动力燃料费

表 13-12　主要工程量汇总表

序号	项目	土石方明挖/m³	石方洞挖/m³	土石方填筑/m³	混凝土/m³	模板/m³	钢筋/t	帷幕灌浆/m	固结灌浆/m

表 13-13 主要材料量汇总表

序号	项目	水泥 /t	钢筋 /t	钢材 /t	木材 /m³	炸药 /t	沥青 /t	粉煤灰 /t	汽油 /t	柴油 /t

表 13-14 工时数量汇总表

序号	项目	工时数量	备注

表 13-15 人工预算单价计算表

艰苦边远地区类别		定额人工等级	
序号	项目	计算式	单价/元
1	人工工时预算单价		
2	人工工日预算单价		

表 13-16 主要材料运输费用计算表

编号	1	2	3	材料名称				材料编号	
交货条件				运输方式	火车	汽车	船运	火车	
交货地点				货物等级				整车	零担
交货比例 /%				装载系数					
编号	运输费用 项目	运输起讫地点		运输距离/km		计算公式		合计/元	
1	铁路运杂费								
	公路运杂费								
	水路运杂费								
	综合运杂费								
2	铁路运杂费								
	公路运杂费								
	水路运杂费								
	综合运杂费								
3	铁路运杂费								
	公路运杂费								
	水路运杂费								
	综合运杂费								
	每吨运杂费								

表 13-17　主要材料预算价格计算表

编号	名称及规格	单位	原价依据	单位毛重/t	每吨运费/元	价格/元				
						原价	运杂费	采购及保管费	运输保险费	预算价格

表 13-18　混凝土材料单价计算表

编号	名称及规格	单位	预算量	调整系数	单价/元	合价/元

注 1."名称及规格"栏要求标明混凝土标号及级配、水泥强度等级等。

　　2."调整系数"为卵石换碎石、粗砂换中细砂及其他调整配合比材料用量系数。

表 13-19　建筑工程单价表

单价编号			项目名称			
定额编号					定额单位	
施工方法			（填写施工方法、土或岩石类别、运距等）			
编号	名称及规格		单位	数量	单价/元	合价/元

表 13-20　安装工程单价表

单价编号			项目名称			
定额编号					定额单位	
型号规格						
编号	名称及规格		单位	数量	单价/元	合价/元

表 13-21　资金流量计算表　　　　　　　　　　　　　万元

序号	项目	合计	建设工期/年						
			1	2	3	4	5	6	…
I	工程部分投资								
一	建筑工程								
（一）	×××工程								
1	分年度完成工作量								
2	预付款								
3	扣回预付款								

序号	项目	合计	建设工期/年						
			1	2	3	4	5	6	…
4	保留金								
5	偿还保留金								
（二）	×××工程								
	……								
二	安装工程								
	……								
三	设备购置								
	……								
四	独立费用								
	……								
五	一至四项合计								
1	分年度费用								
2	预付款								
3	回预付款								
4	保留金								
5	偿还保留金								
	基本预备费								
	静态投资								
Ⅱ	建设征地移民补偿投资								
	……								
	静态投资								
Ⅲ	环境保护工程投资								
	……								
	静态投资								
Ⅳ	水土保持工程投资								
	……								
	静态投资								
Ⅴ	工程投资总计（Ⅰ～Ⅳ合计）								
	静态总投资								
	价差预备费								
	建设期融资利息								
	总投资								

表 13-22 总投资对比表 　　　　　　　　　　　万元

序号	工程或费用名称	可行研究阶段	初步设计阶段	增减额度	增减幅度/%	备注
(1)	(2)	(3)	(4)	(4)−(3)	[(4)−(3)]/(3)	
I	工程部分投资					
	第一部分建筑工程					
	……					
	第二部分机电设备及安装工程					
	……					
	第三部分金属结构设备及安装工程					
	……					
	第四部分施工临时工程					
	……					
	第五部分独立费用					
	……					
	一至五部分投资合计					
	基本预备费					
	静态投资					
II	建设征地移民补偿投资					
一	农村部分补偿费					
二	城(集)镇部分补偿费					
三	工业企业补偿费					
四	专业项目补偿费					
五	防护工程费					
六	库底清理费					
七	其他费用					
	一至七项小计					
	基本预备费					
	有关税费					
	静态投资					
III	环境保护工程投资静态投资					
IV	水土保持工程投资静态投资					
V	工程投资总计(I～IV合计)					
	静态总投资					
	价差预备费					
	建设期融资利息					
	总投资					

滴灌工程规划设计

表 13-23　主要工程量对比表

序号	工程或费用名称	单位	可行研究阶段	初步设计阶段	增减数量	增减幅度/%	备注
(1)	(2)	(3)	(4)	(5)	(5)−(4)	[(5)−(4)]/(4)	
1	挡水工程						
	石方开挖						
	混凝土						
	钢筋						
	⋮						

表 13-24　主要材料和设备价格对比表　　　　　　　　　　元

序号	工程或费用名称	单位	可行研究阶段	初步设计阶段	增减额度	增减幅度/%	备注
(1)	(2)	(3)	(4)	(5)	(5)−(4)	[(5)−(4)]/(4)	
1	主要材料价格						
	水泥						
	油料						
	钢筋						
	⋮						
2	主要设备价格						
	水轮机						
	⋮						

三、概算文件的编制程序

1. 了解工程概况,确定编制依据

了解工程概况的目的是为了更好地确定编制,为此要进行以下几方面工作:

(1)向各有关专业了解工程概况。了解有关工程规划、地质勘测、工程布置、主要建筑物结构形式及技术数据、施工总体布置、施工方法、总进度、主要设备技术数据及报价。

(2)确定编制的技术标准,即设计概算所依据的定额、编制办法和费用标准。

(3)确定基础价格的计算条件和参数。

(4)明确主要工作内容。

2. 广泛调查研究,收集有关资料

在上述工作的基础上,还要广泛进行调查研究,做好以下工作:

(1)现场查勘,掌握工程实地现场情况,尤其是编制概算所需的各种现场条件。

(2)调查收集工程所在地社会经济、交通运输等有关条件。

（3）收集工程主要材料及设备价格等基础数据。

（4）熟悉工程设计及施工组织设计，特别要熟悉工程中采用的新工艺、新技术和新材料。

3．编写概（估）算编制大纲

概（估）算编制大纲包括以下内容：

（1）确定编制依据、定额和计费标准。

（2）列出人工、主材料等基础单价或计算条件。

（3）明确主要设备的价格依据。

（4）确定有关费用的取费标准和费率。

（5）列出本工程概算编制的难点、重点及其对策和其他应说明的问题。

4．分析计算单价，确定指标费用

根据国家和水利行政主管部门颁布的标准、定额、规程、规范和规定进行编制

（1）基础价格计算　基础价格计算按照工程所在地现场条件和编制年的价格水平，并根据施工组织设计和现行的规程规定进行编制，切忌生搬硬套。

（2）建筑安装工程单价分析计算　在基础价格计算的基础上，根据设计提供的工程项目和施工方法，按照现行定额和费用标准编制。

（3）确定其他有关费用和标准。

5．编制各部分概算

（1）编制建筑安装工程部分概算。该部分概算仍以单价法为主，根据设计提出的工程量、设备清单、建安工程单价汇总表及指标，按现行规定的项目划分依据计算建筑工程、机电设备及安装工程、金属结构设备及安装工程和临时工程的投资。

（2）编制机电、输水设备概算。

（3）编制独立费用概算。

（4）汇总编制总概算。

6．注表

（1）滴灌工程输水设备、井的机泵配套属于小型设备，在定额中没有其安装定额，根据多年施工、安装的实际经验，其安装费为设备费的 6%～8%，直接计算安装费，不必再做安装单价。

（2）水源的机井工程在定额中没有，可按工程所在地的进尺费乘以井深，或直接按成井费计算。用单井投资乘以井的数量，即为水源的机井工程费。

（3）由于滴灌工程的施工现场比较分散，规模不是很大，主要临时工程为施工仓库、临时输电线路、职工生活区等，故临时工程按建筑工程、机电设备及安装工程、金属结构设备及安装工程等三部分建安工作量 3%～4% 计算。施工仓库单独计算。

（4）对规模较小的滴灌工程独立费用按建筑工程、机电设备及安装工程、金属结构设备及安装工程、临时工程四部分建安工程量的 6%～8% 计取，其中设计费为 3%～4%。

▶ 四、其他说明

编制概算小数点后位数取定方法：

基础单价、工程单价单位为"元"，计算结果精确到小数点后两位。一至五部分概算表、

分年度概算表及总概算表单位为"万元",计算结果精确到小数点后两位。计量单位为"m³""m²""m"的工程量精确到整数位。

第四节　滴灌工程经济评价

　　滴灌工程经济评价是研究滴灌工程建设是否可行的前提,是从经济角度对工程方案进行分析的依据。滴灌工程建设,必须遵循价值规律,讲求经济效益。所有滴灌工程规划或可行性研究和设计,都必须进行相应深度的经济评价。滴灌工程应按 SL 72—94《水利建设项目经济评价规范》的计算方法与基本准则进行经济效益分析,从经济上衡量滴灌工程是否可行,并在一定支出(自然资源、材料、设备、动力、劳力、时间等)条件下,取得最大的工程效益。在滴灌工程的项目决策、规划设计、施工安装和运行管理的全过程中,进行经济分析是必不可少的重要环节。同时,经济分析计算中所获得的有关数据和指标,也是评价滴灌工程建设及管理水平的重要依据。

　　根据规范要求,一般水利工程经济评价包括国民经济评价和财务评价。滴灌工程相对于其他水利工程项目来说,工程与投资规模小、建设周期短、工程运营管理方式各不相同,可主要进行国民经济评价,若需要进行财务评价,可以只列主要财务报表,分析计算主要财务评价指标。

▶ 一、经济评价原则

　　1.真实可靠原则

　　从滴灌工程实际出发,重视调查、搜集、分析和整理各种基本资料。在经济评价时,结合工程的特点,有目的地选择应用相关资料,保证资料的真实性、可靠性。

　　2.计算基准一致原则

　　对工程的不同方案进行技术经济比较评价时,应遵循计算基准一致的原则,各个方案的费用和效益在计算范围、计算内容、价格水平等方面一致,使其具有可比性。

　　3.动态分析为主原则

　　进行技术经济计算时,应考虑资金的时间价值,以动态分析为主,静态分析为辅。

　　4.货币计量原则

　　进行经济分析计算时,费用和效益应尽可能用货币表示;不能用货币表示的,应用其他定量指标表示,确实难以定量的,应定性描述。

▶ 二、经济评价方法

　　1.静态法

　　静态法是在分析计算时不考虑资金时间价值的一种方法。这种方法把工程的总投资、年费用和效益,按实际发生的情况,简单地分别迭加起来,并根据规定的经济指标进行比较,以评价工程的经济性。

2.动态法

动态法是在经济评价计算时考虑资金时间价值的一种方法。这种方法采用一定的折算率(利率),把不同年份的工程投资、年费用和效益折算成某一基准年的现值或相等的年值进行比较分析,以评价工程的经济性。

在滴灌工程经济评价中,货币的时间价值计算通常采用复利法,即各期末的利息加到各期初的本金中,作为下一期的新本金来计算的方法。即

$$F = P(1+i)^n \tag{13-1}$$

式中:F 为期末的本金值;P 为期初本金值;i 为折算率(利率);n 为计算周期(年)。

三、国民经济评价

国民经济评价是从国家整体角度,采用影子价格,分析计算项目的全部费用和效益,考察项目对国民经济所做的净贡献来评价项目的经济合理性。对于滴灌工程来说,主要应进行国民经济评价,其投入和产出可采用现行价格或只做简单调整。按现行价格计算工程项目费用和效益时,应采用同一年的不变价格,使费用和效益的价格水平保持一致。滴灌项目的国民经济评价可根据经济内部收益率、经济净现值及经济效益费用比等评价指标和评价准则进行。

(一)费用计算

滴灌工程费用计算包括固定资产投资、流动资金和年运行费。

1.固定资产投资

固定资产投资包括建设项目达到设计规模所需要的由国家、企业和个人以各种方式投入的主体工程和相应配套工程的全部建设费用。

滴灌工程的固定资产投资,应根据合理工期和施工计划,作出分年度安排。

2.流动资金

滴灌工程的流动资金应包括维持项目正常运行所需购买的燃料、材料、备品、备件和支付职工工资等的周转资金,流动资金应从项目运行的第一年开始,根据其投产规模分析确定。

3.年运行费

年运行费是指滴灌工程运行期间每年需支出的全部运行费用,包括工程管理费、材料、燃料动力费、维护费、水资源费等,可根据其投产规模和实际需要分析确定。

(1)燃料、动力及材料费 指滴灌工程设施在运行中消耗电、油及材料等费用,它与各年的实际运行情况有关,其消耗指标可以根据规划设计资料或实际管理运用资料,分年统计核算后求其平均值。如果缺乏实际数据,也可参照类似工程设施的管理运用资料分析确定。需要强调的是滴灌工程中使用年限为一年的滴灌带费用应计入年运行费,而不应计在固定资产投资中。

(2)维修费 主要指滴灌工程中各类建筑物和设备的维修养护费。一般分为日常维修、岁修(每年维修一次)和大修理费等。日常的维修养护费用的大小与工程规模、类型、质量和维修养护所需工料有关。一般可按相应工程设施投资的一定比例(费率)进行估算,也可参照同类设施、建筑物或设备的实际开支费用分析确定。大修理一般每隔几年进行一次,所以

大修理费并非每年均衡支出,但为简化起见,在经济评价中,可将大修理费用平均分摊到各年,作为年运行费用的一项支出。也可按投资的一定比例进行结算。

（3）管理费　包括职工工资、附加工资和行政费以及日常的观测、科研、试验、技术培训、奖励等费用。该费用的多少与工程规模、性质、机构编制大小等有关。可按地方有关规定并对照类似工程设施的实际开支估算确定。需要强调的是观测、试验研究费,工程在建设前期或建设期间,特别是在管理运用时期,都需进行观测、试验研究。如滴灌效益观测、灌溉试验以及有关滴灌专题研究等,都应列出专门的费用开支,以保证观测与试验研究工作的正常开展。具体费用额度根据工程规模与需要而定,一般可按年管理运行费的一定比例确定,也可参照类似工程的实际开支费用分析确定。

（4）水资源费和水费　根据规定每年应向有关部门缴纳的水资源费,或当灌溉用水由其他单位或部门供应时,滴灌工程每年应交纳的水费。

（5）其他费用　其他经常性支出的费用,如参加保险的工程项目,按保险部门规定每年交纳保险费等。

应该注意,滴灌效益一般是用工程建设后各项效益的增加值来表征。所以其年运行费也应该是年运行费的新增部分,即如果原来已有其他灌溉工程（如地面灌工程）,则应从以上各项费用的合计中扣除原有工程的运行费。

年运行费用汇总格式见表13-25。

表13-25　年运行费用汇总表

| 耗能费 | 维修费 | 管理费 | | | 灌溉用工费 | 管道、材料更新费 | 水资源费 | 其他费用 | 合计 |
		行政费	管理机构人员工资	观测试验、研究等费	技术培训费					

4.费用分摊

滴灌工程与其他部门或单位共同使用一个水源工程或其他相关工程时,其投资和运行费都应根据各自使用的水量等进行合理分摊。滴灌工程应分摊的部分为

$$K_p = K \frac{W_p}{W_p + W_g} \qquad (13-2)$$

式中：K_p 为滴灌工程应分摊的费用（元）；K 为共用的水源工程或其他工程的费用（元）；W_p 为滴灌工程多年平均用水量（m³）；W_g 为其他部门或单位多年平均用水量（m³）。

如果滴灌工程规模较小,投资不易分摊,或者其用水需向其他部门交纳水费时,就不再分摊共享工程的费用。

（二）工程经济效益计算

滴灌工程经济效益是指工程建设完成投入管理使用后所能获得的经济效益。滴灌工程的经济效益通常包括工程修建后所增加的农业产值,以及节水（减少水费支出和用水转移收入）、省工、省地、节能等方面所增加的效益。

1.增产效益计算

增产效益是指兴建了滴灌工程以后,在相同的自然、农业生产条件下,比较有滴灌措施

和无滴灌措施时的农业产量(或产值),其增加的产量(或产值)即为增产效益。

滴灌的新增产值一般应计算包括丰水年、平水年和枯水年等水平年在内的多年平均增产值,在缺乏不同水文年增产资料时,可将平水年的增产效益作为多年平均增产效益进行计算。另外还应计算特殊干旱年的增产值,作为分析比较。

计算中,农产品价格选用原则:对农产品调出地区,按国家收购价格计算;对农产品调入地区,增产的自给部分按国家调达到该地区的农产品成本计算,超出自给的部分,按国家现行收购价格计算。如果农产品价格已完全由市场调节,则可采用市场价格。

目前应用比较普遍的计算方法是产值对比法:将受益地区(或面积)在未修建滴灌工程以前的农作物总产值与工程建成使用后农作物总产值相比较,其增加部分即为增产效益。

如果滴灌前后,农业技术等措施基本相同时,新增产值等于滴灌后与滴灌前相比所增加的产值,多年平均增产值为

$$B = \sum_{i=1}^{n} A_i (Y_{pi} - Y_i) D_i \tag{13-3}$$

式中:B 为滴灌工程建成后多年平均新增产值(元/年);A_i 为第 i 种作物的种植面积(hm^2);Y_{pi} 为滴灌后第 i 种作物的多年平均单位产量(kg/hm^2);Y_i 为滴灌前第 i 作物的多年平均单位产量(kg/hm^2);D_i 为第 i 作物产品单价(元/kg);n 为滴灌区作物种类数。

如果农业技术等措施随着水利条件的改善而改变和提高(如农作物品种改良、增施肥料、地膜覆盖和秸秆还田、加强田间管理、耕作技术与植保措施改善等),项目区农作物产量会有第二次明显的增长,这一增长显然是滴灌和农业措施共同作用的结果。这时增产效益必须在滴灌和农业技术等措施之间进行分摊。

增产效益分摊系数 ε 是指在整个增产效益中滴灌应该分摊的比例,分摊系数 ε 值应根据调查和试验数据分析确定,无数据时,应参照条件类似滴灌区试验数据确定,ε 一般在 0.4~0.6 范围内。

滴灌工程完成后大大改善了灌溉条件,为了提高农业生产效益,农业技术等措施也会发生变化,在农业生产上的投资也随之发生变化,滴灌工程完成前后投入的农业生产费用也不相同。因此,可以调查统计发展滴灌以后为采取相应的农业技术等措施所增加的生产费用(包括增加的种子、肥料、植保、田间管理费用等),并考虑合理的报酬率后,从农业增产总值(或总毛效益)中扣除,余下的部分即可作为滴灌措施产生的增产效益。这样,增产效益分摊系数为

$$\varepsilon = \frac{\Delta B - \Delta C (1 + \gamma)}{\Delta B} \tag{13-4}$$

式中:ΔB 为修建滴灌工程后的农业增产效益,用总产值表示,可以年计算或多年平均值计算;ΔC 为发展滴灌以后,增加的农业生产费用,可以年计算或多年平均值计算;γ 为增加农业生产费用而获得的合理报酬率。

考虑分摊系数后,滴灌增产效益为

$$B = \sum_{i=1}^{n} \varepsilon_i A_i (Y_{pi} - Y_i) D_i \tag{13-5}$$

式中：ε_i 为第 i 种作物的增产分摊系数；其他符号意义同前。

滴灌工程对于促进农业种植结构调整具有积极意义，一般实施滴灌工程后，生产条件的改善使种植结构发生变化，这时各种作物种植面积以及作物种类与以前也大不相同，这种情况下，增产效益为

$$B = \sum_{k=1}^{m} \varepsilon_k (P_{pk} - P_k) \tag{13-6}$$

式中：B 为滴灌工程建成后多年平均新增产值（元/年）；P_{pk} 为滴灌后第 k 块农田平均产值（元/年）；P_k 为滴灌前第 k 块农田平均产值（元/年）；m 为滴灌区农田分块数；其他符号意义同前。

2. 节水产生经济效益计算

滴灌的最直接效益是省水增产。滴灌工程节省的水量根据其用途不同，经济效益也不相同，如果节省水量用于生态环境时，其为生态环境效益，没有直接经济效益。对于省水经济效益，应结合当地的具体情况进行估算。

节省水量能产生直接经济效益时有以下几种情况。

（1）用于农业生产　节省水量用于扩大灌溉面积或改善灌溉面积，将提高农业产值，可根据扩大灌溉面积或改善灌溉面积前后增产值计算效益。扩大灌溉面积，取得的新增产值效益，除了水源保证外，如果还需要对相关设施进行配套建设与改善，此时，应从新增产值中扣除相应的工程费等有关新增费用或进行效益分摊，扩大灌溉面积或改善灌溉面积的新增效益值计算原理同前。如果将所节省水量通过水权交易卖给了其他地区进行农业生产，那么，水费收入（可根据情况按市场水价或影子水价）即为节约水量产生的经济效益。

（2）用于工业或城镇供水　有些地区供水工程建设落后于当地工业和城镇生活用水需求，水资源供需矛盾突出，实施滴灌后，节省水量可全部或部分用于工业或城镇生活，其经济效益按向工业或城镇供水的水资源费收入（按市场水价或影子水价）计算。

（3）其他经济用途　节省水量还可能用于向鱼塘、蓄水池等充水，或稀释污水等其他用途，这种情况下，其经济效益可根据具体情况，按照有关要求计算，但效益计算不能重复。

特别应注意的是，如果节水效益已经在计算年费用的水费时考虑，则不再计算其经济效益。

3. 省地效益计算

滴灌工程由于采用地埋管道，与渠道输水及传统地面灌溉相比，可减少渠道及灌溉设施占地面积，节省土地。节省土地可以用于农田耕作，增加农作物种植面积。一般来说，可将由于省地而新增的种植面积的产值，扣除农业生产费用后剩余的部分，作为省地带来的经济效益。如果滴灌工程实施后，作物复种指数提高，由此而增加的作物复种面积的增产值，也应作为省地效益，但如果在增产效益计算时，单位面积增产中已包含了复种指数提高的因素，则其不应再计入省地效益。省地面积为

$$\Delta S = S_0 - S_1 + S_2 \tag{13-7}$$

式中：ΔS 为省地面积（hm^2）；S_1 为滴灌管道系统的占地面积（hm^2）；S_0 为传统灌溉渠道系统的占地面积（hm^2）；S_2 为土地平整后增加的面积（hm^2）。

通过测算，滴灌工程项目实施后，将比土渠输水灌溉省地，其中大田滴灌省地 $3\% \sim 5\%$。

4.其他经济效益

滴灌实施后,还有省工、节能效益,也就是燃料动力费和管理费用较前有所降低,该部分效益如果在年运行费用中予以考虑,可不单独计算。

(三)国民经济评价指标与评价原则

1.经济内部收益率(EIRR)

经济内部效益率以项目计算期内各年净效益现值累计等于零时的折现率表示,即:

$$\sum_{i=1}^{n} (B-C)_t (1+EIRR)^{-1} = 0 \tag{13-8}$$

式中:$EIRR$ 为经济内部收益率;B 为年效益(万元);C 为年费用(万元);n 为计算期;t 为计算期各年的序号,基准点的序号为 0。

滴灌项目的社会折现率可以取 12%,对于主要为生态环境效益和社会效益的项目也可以取 7%。当经济内部收益率大于或等于社会折现率时,该项目在经济上是合理的。

2.经济净现值(ENPV)

经济净现值是用社会折现率将项目计算期内各年的净效益折算到计算期初的现值之和表示,即:

$$ENPV = \sum_{t=1}^{n} (B-C)_t (1+i_s)^{-t} \tag{13-9}$$

式中:$ENPV$ 为经济净现值(万元);i_s 为社会折现率。

当项目的经济净现值大于或等于零($ENPV \geqslant 0$)时,该项目在经济上是合理的。

3.经济效益费用比(EBCR)

经济效益费用比为项目效益现值与费用现值之比,即:

$$EBCR = \frac{\sum_{t=1}^{n} B_t (1+i_s)^{-t}}{\sum_{t=1}^{n} C_t (1+i_t)^{-t}} \tag{13-10}$$

式中:$EBCR$ 为经济效益费用比;B_t 为第 t 年的效益(万元);C_t 为第 t 年的费用(万元)。

根据 SL 207—98《节水灌溉技术规范》,滴灌项目只有当 EBCR 大于或等于 1.2 时,该项目在经济上是合理的。

进行国民经济评价,应编制国民经济效益费用流量表,反映项目计算期内各年的效益、费用和净效益,计算该项目的各项国民经济评价指标。国民经济效益费用流量见表 13-26。

(四)改建、扩建项目的经济评价

改建、扩建项目的国民经济评价和财务评价都应采用有、无该项目的增量费用和增量效益进行。必要时也可采用包括现有工程设施的总费用和总效益进行。

改建、扩建项目的增量费应计入改扩建期间停止和部分停止运行造成的损失,该损失可在改建、扩建期内各年的效益和运行费中反映,不必单独列项计算。

改建、扩建项目的增量效益,应分析现有工程设施不进行改建、扩建情况下其效益可能发生变化的趋势,合理计算。现有工程设施如有变卖,其净价值应作为项目的效益。

表 13-26　国民经济效益费用流量表

序号	项目	建设期		运行初期			正常运行期			合计
1	年份	1	…	…	…	…	…	…	…	n	
1.1	效益流量 B									
1.1.1	项目各项功能效益									
	×××									
	×××									
	×××									
1.2	回收固定资产余值									
1.3	回收流动资金									
1.4	项目间接效益									
2	费用流量 C									
2.1	固定资产投资									
	(含更新改造投资)									
2.2	流动资金									
2.3	年运行费									
2.4	项目间接费用									
3	净效益流量									
4	累计净效益流量									

▶ 四、财务评价

财务评价是从核算单位(企业、部门或工程管理单位)的经济利益出发,根据现行价格和财务规定,对该单位所需要的各项现金支出和实际获得的各项现金收入,分析和计算有关的财务效益指标,并用以评价工程方案在财务上的可行性。其主要目的是对于工程偿还投资能力进行分析,确定投资回收年限等。

(一)财务评价的基本指标

由于国民经济评价和财务评价的目的不同,故反映在投资、价格、效益和年运行费用等方面的含义也有差别。

1. 财务支出

滴灌项目的财务支出应包括建设项目总投资、年运行费、必要流动资和税金等费用。

(1)项目总投资　财务评价中的投资只考虑核算单位对该工程的投入部分。滴灌项目总投资包括固定资产投资、固定资产投资方向调节税及建设期和部分运行初期的借款利息等。

固定资产投资包括建筑工程费、机电设备及安装工程费、金属结构设备及安装工程费、临时工程费、独立费和预备费等。

固定资产投资方向调节税是为了贯彻国家产业政策、控制投资规模、引导投资方向的调节税。滴灌属于水利项目,按规定税率为零。

滴灌项目借款应按年计息,建设期利息应计入固定资产,正常运行期利息应计入项目总成本费用,运行初期的利息可根据不同情况分别计入固定资产或项目总成本。利率值应考虑资金的来源:利用国外资金建设的工程,可按协议取值;利用国内资建设的工程,属于基建贷款的,按国家规定利率取值;属于国家财政拨款的可不计利息。

(2)年运行费用 年运行费用是指项目建成后,为维持正常运行每年需要支出的费用,包括工资及福利费、材料、燃料及动力费、维护费和其他费用等,可分项计算,也可按项目总成本费用扣除折旧费、摊消费和利息净支出计算。

(3)流动资金 流动资金是指维持工程正常运行所需的全部周转资金,一般小型滴灌工程不计流动资金。

(4)税金 税金是指产品销售税金及附加、所得税等,其中产品销售税金及附加费包括增值税、营业税、资源税、城市维护建设税及教育附加费。

(5)总成本费用

①滴灌工程总成本费用是指在一定时期内为工程运行以及提供灌溉服务等所花费的全部成本和费用,包括燃料动力费、维护管理费、折旧费、摊消费、利息净支出和其他费用。

②滴灌工程折旧费是指在有效使用期内,每年应摊还的固定资产投资额。就是把工程或设备逐渐损耗的价值,在使用期内以货币形式逐年提取积累起来,用以更新工程或购置新设备。折旧费的大小主要取决于折旧年限,但应该指出的是,设施和设备的折旧年限不等于设施和设备的使用寿命年限,有时,为了有利于促进新技术的推广应用,提高效益、效率,不等设施和设备完全丧失使用价值就要更新,尤其是在科学技术水平迅速提高的今天,国外有将折旧年限定得愈来愈短的趋势。折旧年限一般按工程设施和设备的经济寿命以及其他因素合理确定。由于组成滴灌工程的各类设施和设备的折旧年限不同,所以,其不同设施与设备的折旧费应分别计算,各分项折旧费之和即为该滴灌工程的折旧费。

滴灌工程固定资产折旧值一般采用直线法计算。

直线法也称平均年限法,是假定固定资产的价值随时间直线下降(线性贬值),每年折旧金额相同,计算公式为

$$d = K/n \qquad\qquad (13\text{-}11)$$

式中:d 为年折旧费;K 为固定资产原值;N 为折旧年限,由国家统一规定。

2.财务收入

(1)效益 应以计算财务核算单位实际获得的各项财务收入作为效益。对滴灌工程的管理单位进行财务分析时,只计算征收的水费和提供灌溉服务和提供其他服务获得的收入作为效益;以受益农户集体为核算单位时,则应以开发灌区后农场的农作物产量增加的收入作为效益。

(2)价格 财务分析中采用的价格均应以实际支付的现行市场价格为计算依据。

(3)年利润 滴灌工程年利润总额包括水费、灌溉服务、提供其他服务所获得的年利润,按年财务收入扣除总成本和有关税金等计算。

(4)财务报表 滴灌工程一般编制现金流量表即可。现金流量表表格形式如表13-27

所示。

表 13-27 现金流量表

序号	项目	年份									合计
		建设期		运行初期			正常运行期				
		1	...	...	...	...	...	...	...	n	
1	现金流入量 C_I										
1.1	销售收入										
1.2	提供服务收入										
1.3	回收固定资产余值										
1.4	回收流动资金										
2	现金流出量 C_o										
2.1	固定资产投资(含更新改造投资)										
2.2	流动资金										
2.3	年运行费										
2.4	销售税金及附加										
2.5	所得税										
2.6	特种基金										
3	净现金流量($C_I - C_o$)										
4	累计净现金流量										
5	所得税前净现金流量										
6	所得税前累计净现金流量										

所得税后   所得税前

评价指标 财务内部收益率:
　　　　　财务净现值($i_e =$　%)
　　　　　投资回收期

(二)财务评价指标和评价标准

滴灌项目财务评价一般可根据财务内部收益率,财务投资回收年限、财务净现值等指标进行评价。

1. 财务内部收益率($FIRR$)

以项目计算期内各年净现金流量现值累计等于零的折现率表示,即

$$\sum_{i=1}^{n}(C_I - C_o)_t(1 + FIRR)^{-t} = 0 \qquad (13-12)$$

式中:$FIRR$ 为财务内部收益率;C_I 为现金流入量(万元);C_o 为现金流出量(万元);$(C_I - C_o)_t$ 为第 t 年的净现金流量(万元);n 为计算期(年)。

财务内部收益率根据现金流量表中的净现金流量采用试算法求得。当计算的财务内部收益率大于或等于行业财务基准收益率(i_e)或设定的折线率(i)时,该项目财务上是可行的。

2.投资回收年限(P_t)

以项目的净现金流量等于零时所需的时间(年)表示,即

$$\sum_{t=1}^{P_t}(C_{\mathrm{I}}-C_{\mathrm{o}}) = 0 \qquad (13\text{-}13)$$

式中:P_t为投资回收年(年);其他符号意义同前。

投资回收年限也可以用静态法进行计算,不考虑资金的时间价值,以财务净效益的累计值等于全部投入资金的年数,作为其静态的财务投资回收年限,即:

$$T=K/(B-C) \qquad (13\text{-}14)$$

式中:T 为还本年限(年);K 为工程总投资(万元);B,C 为滴灌工程多年平均(新增)效益和多年平均(新增)运行费(万元)。

投资的财务回收年限越短,其财务效益越好。

3.财务净现值($FNPV$)

以行业财务基准收益率(i_c)或设定的折线率(i),将项目计算期内各年净现金流量折算到计算期初的现值之和表示,即:

$$FNPV = \sum_{t=1}^{n}(C_{\mathrm{I}}-C_{\mathrm{o}})_{t}(1+i_t)^{-t} \qquad (13\text{-}15)$$

当财务净现值 $FNPV$ 大于或等于零时,该项目在财务上是可行的。

▶ 五、不确定性分析

前面所论及的国民经济评价和财务评价中,有许多基本资料和数据都是由估算或预测而来的,但实际情况是在不断的变化。如随时间的推移,环境条件、社会需求和产品价格等的改变,随着水文条件的不同,灌溉等的年效益和年运行费用均变化;此外,对各种因素或数据的估计也会存在误差等。这些对原方案的效益都会产生不同程度的影响和改变,甚至由于某一因素的变化可能导致原已选定的方案成为不合理的方案。因此,为了全面了解、把握某些因素的变化对效益的影响,对项目方案可承担风险和可靠程度进行分析时,需要进行不确定性分析。

不确定性分析包括敏感性分析、盈亏分析、概率(风险)分析等内容,下面主要介绍滴灌工程国民经济与财务评价中常用的敏感性分析等有关问题。敏感性分析可以判断已选定方案在经济或财务效益方面的稳定程度,也可以检验不同基本数据情况下,对经济和财务方面的影响,以帮助决策者作出正确选择。对敏感性较大的因素进行研究,目的仍然在于确保工程方案的经济效益。

主要因素浮动的幅度,可以根据项目的具体情况确定,也可以参照下列变化幅度选定:

(1)投资　±(10%～20%)。

(2)年效益　±(15%～25%)。

(3)建设期年限　提前或推后1～2年。

计算时,可根据工程的具体情况,考虑某一单项指标浮动或考虑两项以上指标同时浮动,以分析其对工程效益的影响。考虑到敏感性分析对工程方案的评价和选择有一定的影响,所以对主要的比较方案均应列出并考虑浮动因素后的计算结果,以供方案的优选和决策。

敏感性分析一般应遵循以下步骤进行:

(1)选择对于经济和财务效益可能产生较大影响的因素。

(2)确定各因素的变化范围及其增减量。

(3)选定评价方法。如现值法、等值年金法、内部收益率法等,以评估各因素的敏感性。

(4)根据评价方法,一般先算出基本情况下的评价指标,然后使选定的因素在确定的范围内变化,并计算出相应的评价指标,必要时可以绘制如表 13-28 所示的表格,以供方案选有时决策。

表 13-28　敏感性计算成果表

项目	基本方案	投资增加 10%	投资减少 10%	灌溉效益增加 20%	灌溉效益减少 20%	年运行费用增加 10%	年运行费用减少 10%
投资/元							
灌溉效益多年平均值/元							
年运行费用/元							
灌溉净效益年值 B_0/元							
工程的效益费用比 B/C							

六、供水成本分析

为了合理地利用有限的水资源,促进高效用水,保证滴灌工程的正常运行管理、大修及更新改造,充分发挥工程效益为农业生产服务,用水户应按规定向工程管理单位或管理者交付水费。

滴灌工程的供水成本包括供水生产成本和供水生产费用两部分。供水生产成本是指正常供水生产过程中发生的直接工资、直接材料费、其他直接支出以及固定资产折旧费、修理费、水资源费等费用;供水生产费用是指为组织和管理供水生产经营而发生的合理销售费用、管理费用和财务费用。折旧率和大修理费率以及其他应计入成本的费用根据有关规定确定。对于供水计量点的单位水量(m^3)供水成本 C_t 为:

$$C_t = \frac{F_t}{W_t} \tag{13-16}$$

$$F_t = D + R + U \tag{13-17}$$

式中:F_t 为对应于供水计量点的总供水成本(元);D 为固定资产的年折旧费(元);R 为固定资产的年分摊大修费(元);U 为年运行管理费,包括工资、材料费、水资源费、燃料及动力费、工程维护费、其他直接费和管理费等;W_t 为供水计量点的年总供水量(m^3)。

为了从各方面反映滴灌工程建设的技术经济特征,全面衡量和评价工程的技术经济效果和设计管理水平,除了对工程进行国民经济评价外,还应分析计算单位技术经济指标,做为综合经济评价的补充指标,用于反映工程对水土资源的利用水平,对人力、物力、财力的利用程度和消耗水平、工程投入等。

(一)滴灌工程投资指标

滴灌工程亩投资用下式表示:

$$K_m = \frac{K}{A} \tag{13-18}$$

式中:K_m 为滴灌工程亩投资(元);K 为滴灌工程总投资(元);A 为滴灌面积(亩),下同。

(二)材料用量指标

亩管道用量用下式表示:

$$L_m = \frac{L}{A} \tag{13-19}$$

式中:L_m 为亩管道长度(m/亩);L 为滴灌工程管道总长度(m)。

(三)能耗指标

能耗指标包括亩装机容量和亩年用电(油)量两个指标。

1. 亩装机容量

$$N_m = \frac{N}{A} \tag{13-20}$$

式中:N_m 为亩装机功率(kW/亩);N 为滴灌工程装机功率(kW)。

2. 亩年用电(油)量

$$E_m = \frac{E}{A} \tag{13-21}$$

式中:E_m 为亩年用电(油)量[kw·h/(年·亩)或 kg/(a·亩)];E 为滴灌工程年用电(油)量(kW·h/年或 kg/年)。

(四)用工指标

滴灌作业亩用工用下式表示:

$$G_{zm} = \frac{G_z}{A} \tag{13-22}$$

式中:G_{zm} 为滴灌作业亩用工(工日/年亩);G_z 为滴灌作业年用工总数(工日/年)。

(五)用水指标

1. 省水百分率

$$R_s = \frac{M_d - M_p}{M_d} \times 100\% \tag{13-23}$$

式中：R_s 为滴灌省水百分率（%）；M_d 为地面灌溉年毛总用水量（m^3/年）；M_p 为滴灌年毛总用水量（m^3/年）。

2. 单位水量产值

$$B_s = \frac{B_p}{M_p} \tag{13-24}$$

式中：B_s 为单位水量产值（元/m^3）；B_p 为滴灌产值（元/年）。

3. 设计滴灌用水率

$$q = \frac{Q_s}{A} \tag{13-25}$$

式中：q 为设计滴灌用水率 $[(m^3/h)/亩]$；Q_s 为滴灌工程设计流量（m^3/h）。

（六）亩运行费

1. 亩运行费用下式表示：

$$C_{ym} = \frac{C_y}{A} \tag{13-26}$$

式中：C_{ym} 为滴灌亩年运行费用 $[元/（年·亩）]$；C_y 为滴灌工程年运行费（元/年）。

2. 亩年费用用下式表示：

$$C_{nm} = \frac{d + C_y}{A} \tag{15-27}$$

式中：C_{nm} 为滴灌工程亩年费用 $[元/（年·亩）]$；d 为工程折旧费（元/年）。

（七）增产指标

1. 亩增产量用下式表示：

$$\Delta Y = Y_p - Y_o \tag{13-28}$$

式中：ΔY 为滴灌亩增产量（kg/亩）；Y_p 为滴灌亩产量（kg/亩）；Y_o 为滴灌前亩产量（kg/亩）。

2. 增产百分率用下式表示：

$$R_z = \frac{\Delta Y}{Y_0} \tag{13-29}$$

式中：R_z 为滴灌增产百分率（%）。

第十四章 滴灌工程规划设计图件制作

一、图纸

表 14-1 图纸基本幅面   mm

幅面代号	A0	A1	A2	A3	A4
$B \times L$	841×1 189	594×841	420×594	297×420	210×297
e	20			10	
c	10			5	
a	25				

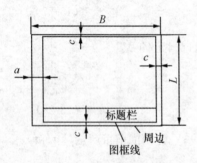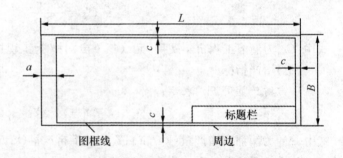

图 14-1 图框和标题栏

表 14-2 图样比例

常用比例	缩小	1：10^n	1：(2×10^n)	1：(5×10^n)	
	放大	2：1	5：1		
可用比例	缩小	1：(1.5×10^n)	1：(2.5×10^n)	1：(3×10^n)	1：(4×10^n)
	放大	2.5：1	4：1		

注：n 为正整数。

表 14-3 字体高度   mm

适用范围	A0、A1 图名			A0、A1 标题栏及 A2~A4 图名、标题栏			
字高	20	14	10	7	5	3.5	2.5

二、图形符号

表 14-4　泵及泵站图形符号

序号	名称	平面图	纵剖面图
1	水泵		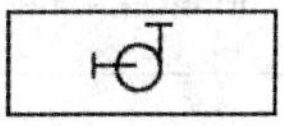
2	泵站		

表 14-5　阀门图形符号

序号	名称	平面图	纵剖面图
1	给水栓		
2	减压阀		
3	逆止阀	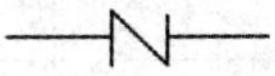	
4	球阀		
5	闸阀 截止阀		
6	进、排气阀		
7	电磁阀		
8	泄水阀		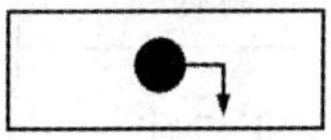
9	安全阀		
10	电动阀		
11	快速取水阀		

表 14-6　灌水器图形符号

序号	名称	平面图	纵剖面图
1	喷头	○	 ○
2	滴灌带(管)	 ——	
3	涌泉头	 ● ● ●	

表 14-7　管道图形符号

序号	名称	平面图	说明
1	主干管	▬▬▬	管道粗细根据管道级数相对而言, $2.0b$
2	干管	▬▬▬	$1.6b$
3	分干管	▬▬▬	$1.2b$
4	支管	 ▬▬▬	$0.8b$
5	毛管	——	$0.5b$
6	交叉管道	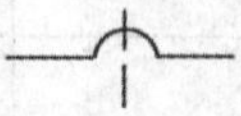	

表 14-8　管件及连接方式图形符号

序号	名称	平面图	纵剖面图
1	正三通	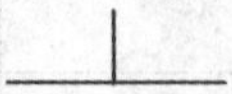	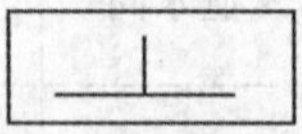
2	斜三通	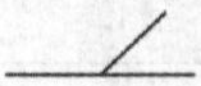	
3	四通	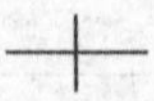	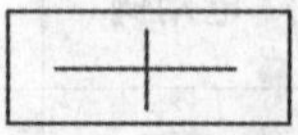
4	弯头	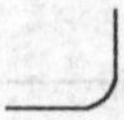	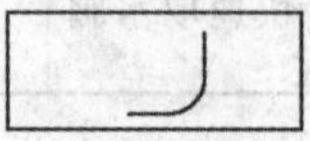
5	变径		

滴灌工程规划设计

序号	名称	平面图	纵剖面图
6	管堵		
7	鞍座	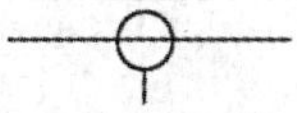	
8	承插连接	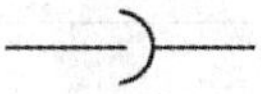	
9	法兰连接	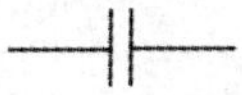	
10	螺纹连接	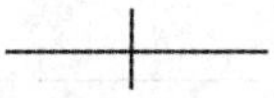	
11	粘接	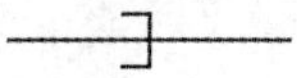	

表 14-9　量测设备图形符号

序号	名称	平面图	纵剖面图
1	压力表		
2	流量计量设施		
3	流量计		

表 14-10　控制设备图形符号

序号	名称	平面图	纵剖面图
1	电缆	$1 \times 1.5\ mm^2 + 1 \times 2.5\ mm^2$ 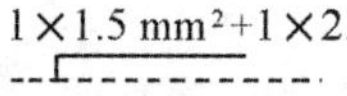	
2	温度传感器	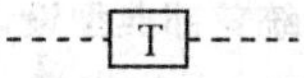 T	
3	压力传感器	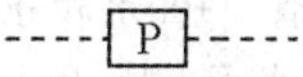 P	
4	温度传感器	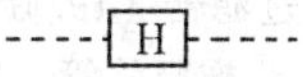 H	
5	控制器	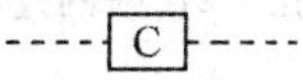 C	
6	解码器	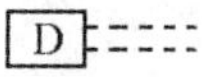 D	
7	气象站(小型)		

表 14-11 过滤器和施肥器图形符号

序号	名称	平面图	纵剖面图
1	砂石过滤器		
2	离心过滤器		
3	筛网式过滤器		
4	叠片式过滤器		
5	施肥器		

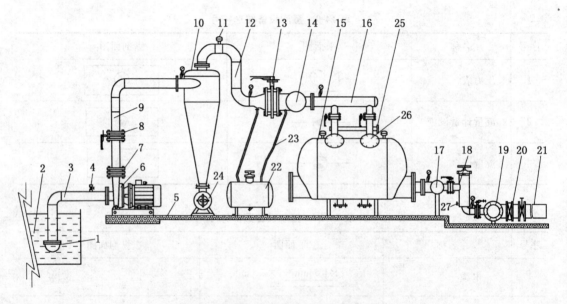

图 14-2 滴灌系统首部典型设计图（地表水）

1.底阀 2.沉淀池 3.水泵进水管 4.水泵出水管 5.基础 6.水泵-电机 7.软连接
8.水泵出口蝶阀 9.水泵出口连接管 10.水砂分离器 11.排气阀 12.连接弯管
13.施肥专用阀 14.砂过滤器主进水管 15.砂石过滤器 16.砂过滤器进水分管
17.砂过滤器出水主管 18.筛网过滤器 19.筛网过滤器出水主管 20.水表
21.地下管连接钢管 22.施肥罐 23.施肥软管 24.集砂罐 25.砂过滤器排污管
26.观察、维修孔 27.筛网过滤器排污孔

▶ 三、绘制图件的一般步骤

绘制图件的一般步骤建议如下：

第 1 步　根据设计的要求,分析所要表达的内容。

第 2 步　根据设计阶段,选择所需制作的图件。

第 3 步　选择适当的比例。

工程规划图、工程平面布置图的比例一般取决于地形图的比例(应按要求测绘)。

第 4 步　合理布置图面。

有联系的图样应尽量布置在同一张图纸内。

第 5 步　画图时,先画大的轮廓,后画细部;先画主要部分,后画次要部分。主要轮廓线画粗线,次要轮廓线略细,使图形主次分明,重点突出。

第 6 部　标注尺寸和注写文字说明。

第 7 步　画局部大样图。

第 8 步　检查、校对。

……

附　录

术语：

1　一般术语

1.1　滴灌 drip(trickle) irrigation

利用专门设备,将有压水成滴状、湿润作物根部土壤的灌水方法。

1.2　滴灌技术 drip irrigation technology

人们在研究和应用滴灌的实践中积累起来的知识、经验和技能。

1.3　滴灌工程 drip irrigation project

用滴灌技术实现灌溉的工程设施

1.4　滴灌系统 drip irrigation system

由水源工程、首部枢纽、输配水管道和滴水设备等部分组成的完整灌溉设施。

2　系统类型

2.1　机压滴灌 drip irrigation driven by power of pump

有动力机和水泵提供工作压力的滴灌。

2.2　自压滴灌 drip irrigation by gravity

利用自然水头获得工作压力的滴灌。

2.3　固定式滴灌系统 fixed drip irrigation system

在灌溉季节内所有设备位置固定不动的滴灌系统。

2.4　移动式滴灌系统 mobile(movable)drip irrigation system

在灌溉季节内,设备在不同位置之间搬移、轮换作业的滴灌系统。

3　技术参数

3.1　湿润比 percentage of wetted soil

在计划湿润深度内,滴灌所湿润的土体与灌溉区域总土体的比值。

3.2　湿润球体 wetted bulb

滴头滴水所形成的球状湿润土体。

3.3　湿润半径 radius of wetted bulb

湿润球体在水平方向的最大半径。

3.4　湿润深度 the depth of wetted soil

滴灌湿润土体的深度。

3.5　滴水均匀系数 uniformity coefficient of drip irrigation

在一个滴灌地段内,表示同时工作的滴头滴水量均匀程度的系数。

3.6　滴头间距 spacing between dripper

同一毛管相邻滴头间的水平距离。

3.7 毛管间距 spacing between laterals

相邻毛管间的水平距离。

3.8 设计滴头工作压力 designed operating pressure of dripper

滴灌工程设计中选定的滴灌工作压力。

3.9 设计滴头流量 designed discharge of dripper

滴头在设计工作压力下的流量。

3.10 滴灌系统设计流量 designed discharge of drip irrigation system

滴灌工程设计中,根据灌溉面积和灌溉制度所确定的系统总流量。

3.11 滴灌系统设计水头 designed water head of drip irrigation system

滴灌工程设计中,根据地面高差、管道水头损失和滴头工作压力所确定的总水头。

3.12 日净滴水时间 dripping duration a day(daily net dripping time)

滴灌工程每天纯滴水小时数。

4 设备与设施

4.1 滴头 dripper(distributor、emitter)

使有压水呈点滴状滴出的一种灌溉设备。

4.2 毛管 lateral line

滴灌系统中安装滴头或直接滴头的末级管道。

4.3 滴灌支管 submain line of drip irrigation system

滴灌系统中连接干管与毛管的一级管道。

4.4 滴灌干管 main line of drip irrigation system

首部枢纽以下支管以上各级管道的统称。

4.5 过滤器 filter

滤出灌溉水中非溶性杂质的装置。

4.6 网式过滤器 mesh filter

用筛网作滤芯的过滤器。

4.7 砂石过滤器 sand filter

以砂作为介质的过滤器。

4.8 水砂分离器 sand separators

利用离心力的作用,将灌溉水中的砂粒分离出去的一种装置。

附 录

163

参 考 文 献

[1] GB/T 50485—2009 微灌工程技术规范.

[2] GB/T 50085—2007 喷灌工程技术规范.

[3] 水利工程设计概(估)算编制规定(水总[2014]429 号).

[4] 陈林,程莲. 新疆滴灌自动化技术存在的问题及对策.大麦与谷类科学,2015:1-3.

[5] 周春芳,夏立明,尹贻林. 自动化控制技术在滴灌工程中的应用.中华建设科技,2015 (2).

[6] 建设工程造价管理.北京:中国计划出版社,2013.

[7] 建设工程技术与计量.北京:中国计划出版社,2013.

[8] 全国造价工程师执业资格考试培训教材编审委员会.建设工程计价.北京:中国计划出版社,2013.

[9] 姚彬.微灌工程技术.郑州:黄河水利出版社,2012.

[10] 高峰.节水灌溉规划.郑州:黄河水利出版社,2012.

[11] 周世锋.喷灌工程技术.郑州:黄河水利出版社,2011.

[12] 张婷,白安龙. 自动化滴灌系统在新疆农业灌溉中的应用前景.石河子科技,2009(1): 18-19.

[13] 张志新,等.滴灌工程规划设计原理与应用.北京:中国水利水电出版社,2007.

[14] 周长吉.温室工程设计手册.北京:中国农业出版社,2007.

[15] 李代鑫.最新农田水利工程规划设计手册.北京:中国水利水电出版社,2006.

[16] 周卫平,等.微灌工程技术.北京:中国水利水电出版社,2006.

[17] 李宗尧.节水灌溉技术.北京:中国水利水电出版社,2004.

[18] 周长吉.温室灌溉系统设备与应用.北京:中国农业出版社,2003.

[19] 水利部农村水利司,中国灌排技术开发培训中心.水土资源评价与节水灌溉规划.北京:中国水利水电出版社,1998.

[20] 喷灌工程设计手册编写组.喷灌工程设计手册.北京:水利电力出版社,1989.

[21] 傅琳,等.微灌工程技术指南.北京:水利电力出版社,1988.

[22] 顾烈烽.滴灌工程设计图集.北京:中国水利电力出版社,2005.

[23] I.维尔米林,G. A. 乔伯林著. 西世良等译. 局部灌溉.联合国粮食及农业组织,1980.

[24] 张国祥,申亮.微灌灌水小区水力设计的经验系数法.节水灌溉,2005(6).

[25] 李宝珠.滴灌系统设计水头与工程输配水管网投资及运行的关系分析.农业工程学报,2008(3).

[26] 张国祥,申亮.微灌毛管进口设流调器时水力设计应注意的问题.节水灌溉.2006(1).

[27] DB65/T 3056—2010,大田膜下滴灌系统施工安装规程[S].

[28] DB65/T 3107—2010,大田膜下滴灌系统运行管理规程[S].

[29] DB65/T 3057—2010,棉花膜下滴灌水肥管理技术规程[S].

[30] DB65/T 3108—2010,加工番茄膜下滴灌水肥管理技术规程[S].

[31] DB65/T 3109—2010,玉米膜下滴灌水肥管理技术规程[S].

参考文献